濕地植物與鳥類

出發吧！科學露營車 2

崔富順（최부순）著　趙勝衍（조승연）繪　劉小妮 譯

作者的話

大家一聽到「露營」，會想到什麼呢？散發出香味的烤肉料理、營火晚會、像瀑布般傾瀉而下的夜晚繁星，還有在大自然裡可以玩的各種遊戲。我好像已經能聽到你們興奮的聲音呢！

如果大家的家門口停了一臺露營車的話，你們會想去哪裡？有清涼水源的河邊？還是森林？如果是兩種都有的地方就更棒了。

露營可以在大自然中給大家帶來各種特別體驗，有時還會遇上各種意想不到的事情，我們得自己想辦法解決。在大自然中直接體驗，跟在家裡看電視或用手機看影片學到的知識不同，可以獲得真實又生動的知識。親身經歷過後，也自然會懂得那些科學原理。說不定不知不覺中，還會發現自己也成長了！

這本書的主人公佳藍和佳英，在露營區發現了一片濕地。說到濕地，大家可能會覺得是潮溼、蟲子又多的地方。佳藍和佳英一開始也是這樣認為，不過，他們通過這趟濕地露營之旅，獲得了各種體驗，重新意識到濕地的重要性。

濕地就像是生態界的寶物倉庫，分布在我們國家境內許多地方。濕地上住著各種動物和植物，簡直可以說是「自然的教科書」。通過前往濕地的旅行，不僅可以認識生態界和生物的多樣性，也有機會近距離觀察動物，可以說是非常重要的學習機會。這一趟特別的露營車旅行可以刺激大家的好奇心和想像力，並留下愉快和珍貴的回憶。

好了，那麼我們一起開始濕地探險吧！準備好去看看濕地隱藏著哪些寶物嗎？現在就出發吧。

崔富順

目錄

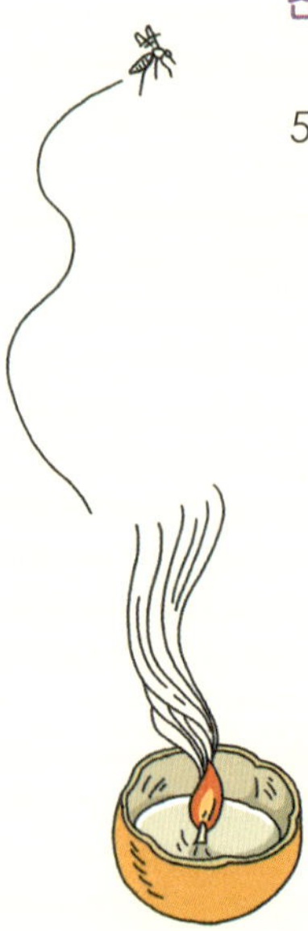

黑色？
綠色？

登場人物

韓佳藍　國小六年級的男生

食量大、有點厚臉皮，個性好勝，卻經常輸給妹妹韓佳英。雖然不太可靠而且膽小，但還是一天到晚嚷著要扮演好哥哥這個角色。偶爾會冒出令人意外的點子，在危急時刻幫助大家脫險。

韓佳英　國小五年級的女生

比韓佳藍小一歲，完全遺傳了媽媽的乾脆性格。説話討厭拐彎抹角、有話直説的性格，常被身邊的人認為難以伺候。雖然才國小五年級，但想法早熟、知道很多事情，非常機靈，可以彌補其他三個人（爸爸、哥哥和舅舅）的散漫。

爸爸

對自己的陸軍特種兵出身深感自豪！雖然現在是平凡的上班族，但是嚮往投入大自然的懷抱。興趣是每個週末看電視節目《我也是自然人》，於是偷偷用存了好幾年的私房錢，瞞著太太買了一臺中古露營車。

媽媽

比起露營，更喜歡去飯店渡假。雖然不跟著去露營，但是為了讓佳藍和佳英在露營時也可以有所學習，便運用手上的所有資源準備了《沉浸式科學體驗報告》。處事嚴謹，不太會犯錯，但是一旦沉迷滑手機或是追劇時，就會出現可趁之機。

舅舅

媽媽唯一的弟弟。好奇心旺盛，同時也很膽小。為了成為科學家，曾經想攻讀博士，但成績不佳只好放棄。現在正經營著一個科學YouTube頻道，介紹各種科學知識，目前訂閱者只有78人。最大目標是獲得白銀級創作者獎，所以不論去到哪裡，都會隨身帶著攝影機。

爸爸的浪漫露營車
廁所
衛星天線

太陽能板
沙發床
露營車旅行
電磁爐
洗手槽

前言

生態初體驗

下週就要交生態觀察探索報告了，但我還在苦惱著要怎樣才能寫得好，於是我先用手機查詢怎麼寫報告書比較厲害的方法。

「哥哥，你在做什麼？該不會在玩遊戲吧？」

「啊，嚇我一跳！我正在查資料啦，而且這麼舊的手機怎麼可能可以下載遊戲？」

突然冒出來的佳英貼著我的手機

碎碎念。這臺舊手機光是搜尋資料就要等很久了，居然還說我在玩遊戲，真的是很煩。

「那為什麼叫你都不回話？舅舅說有東西要給我們看。」

舅舅坐在客廳的地板上，邊擦著相機鏡頭邊哼著歌，臉上露出滿意的笑容。

「哇！舅舅，這是什麼？看起來好貴喔。」

我沒看過這台相機，所以興奮的用各種角度觀看。

「佳藍、佳英！舅舅上次洞穴遇難時拍的影片，在YouTube上觀看次數已經破五萬了。雖然現在熱度沒那麼高，還是很不簡單。因此為了紀念，我買了性能很好的相機。用這個拍照的話，即使是兩百公尺以外的東西也可以拍得很清楚喔。」

舅舅把相機當成寶物那樣摸著，然後小心翼翼地遞給我。

「相機挺重的耶？」

我用雙手拿好相機，重量比我想像得還要重。相機的鏡頭很大顆，也很長，看起來相當特別。

「因為這是望遠鏡頭。如果想拍到好照片，就必須拿得起這程度的重量。還有這臺相機拿在手上的時候手感也很好。」

「是嗎？舅舅，那也可以給我試試望遠鏡頭嗎？」

「首先用左手拿好相機，用一隻眼睛對準相機的觀景窗。接著用右手左右轉動鏡頭來對焦。」

我拿著相機，把鏡頭拉近又拉遠。當我把鏡頭往前拉到最遠時，突然看到一個黑乎乎的物體，嚇了一跳。

「佳藍，看得清楚嗎？」

原來是爸爸突然站在我的鏡頭前。他也充滿好奇地過來東看西看，之後又回去看手機了。以前一到週末就握著電視遙控器不放的爸爸，現在整天

在看YouTube。他正在看「適合露營的地點」之類的影片，我趁機把比賽的簡章拿給他看。

「爸爸，有一個環境部舉辦的『生態觀察探索比賽』，如果根據自己的真實體驗，加上照片和影片做成生態觀察探索報告的話，就可以得到高分。我想參加這個比賽……。」

不知道何時，原本在臥室內

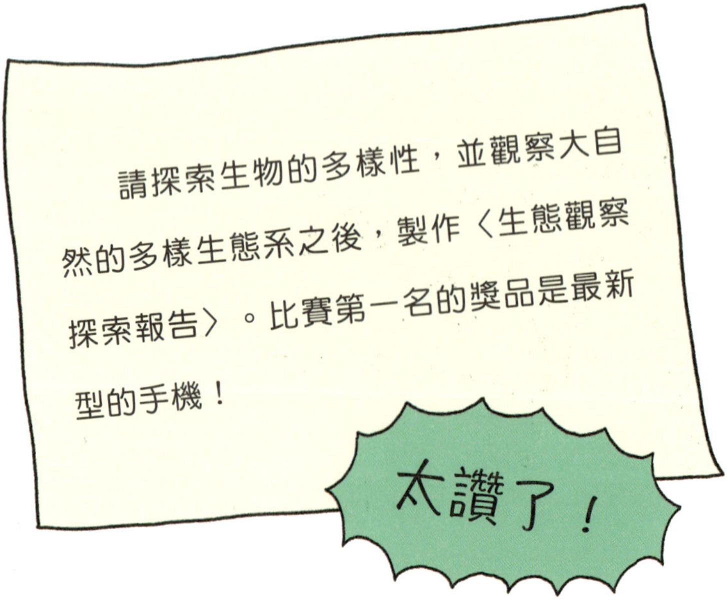
請探索生物的多樣性，並觀察大自然的多樣生態系之後，製作〈生態觀察探索報告〉。比賽第一名的獎品是最新型的手機！
太讚了！

的媽媽出現在我身邊。她從爸爸手中拿走簡章，站在媽媽旁邊的佳英則把簡章的內容大聲地念了出來。

「哇！第一名獎品是手機耶。太讚了！」

聽到佳英的話之後，爸爸和舅舅同時睜大眼睛看著我。

「啊，原來是這樣。怪不得你開始對讀書有興趣了。」舅舅笑著說。

「現在只有我還拿著這種舊手機了。這次比賽我一定要拿到第一名，換一隻最新型的手機。」

我信心滿滿地說。因為即使我哀求媽媽幫我買最新型手機，她也不會答應。只要有了新手機，就可以快速查資料，也可以把照片拍得更好，最重要的是還可以隨心所欲地玩最新的遊戲。

就在這時候——

「這樣的話，我們一定要幫助佳藍完成比賽呀。」

爸爸突然插話說道，他的眼神看起來閃閃發光。我馬上就看出爸爸真正的意圖了：一個可以去露營的好機會。

「媽媽！我、我非常想參加比賽，拿到第一名。因此妳一定要幫我，讓我寫出超級棒的生態觀察探索報告。」

我用拜託的眼神看著媽媽。媽媽露出了陷入苦惱的表情。不久之後，媽媽下定決心似地說。

「嗯，畢竟不只是去玩，也是科學探索學習……。好！不過我有條件。你要達成我設定的任務，還有三天兩夜的露營裡，每一天都要記錄觀察內容。」

「耶——！」

聽到媽媽的話之後，我馬上站起來緊緊抱住了她。只要能讓我擁有最新手機，我什麼都願意做。坐在沙發上的爸爸用嘴型說了加油，同時還握緊了拳頭。

「不過媽媽，提到生態的話，就是要直接觀察生物生活的模樣吧。只有這樣才能夠了解自然的規律，也才能感受到它的珍貴……。」站在一旁的佳英說。

「沒錯！只有親身體驗過，才能寫出沉浸式的生態觀察報告。」

「那我們去有很多鳥類的地方好不好？」

跟屁蟲舅舅也發言了。雖然不知道舅舅是想要炫耀相機，還是認為這是拍出厲害照片的機會，他看起來也非常興奮。

「最好是沒有汙染，維持自然原本樣貌的地方。有水還有土，還有各種動植物居住的地方！這樣的地方是哪裡呢？」

「嗯……山上？」佳英回答了媽媽的問題，但是媽媽搖了搖頭。

「那麼是海邊嗎？」

「不是喔！那裡是從很小的浮游生物到巨型野貓，形成一個互相吃和被吃的巨大食物鏈的地方。在生態系中扮演重要的角色，甚至被稱為『地球的腎臟』。」

「喔喔，是濕地吧？」舅舅說。

「沒錯。濕地扮演著過濾汙染物質的角色，佔地球面積的百分之六，地球上的生物中，有約百分之四十都生活在濕地。」

媽媽說，不久之前她在紀錄片環保特輯中看到講述濕地的節目，其中提到的濕地種類相當多樣。

「濕地就是潮溼的土地吧？那不就是骯髒，還有一堆奇怪蟲子的地方嗎？」佳英搖搖頭，她非常討厭蟲子，其中又特別厭惡蚊子。

「佳英，濕地不全都是那樣的地方。濕地上住著非常多樣的生物，而且也是唯一可以同時觀察到『陸地生態系』和『水中生態系』，獨特又漂亮的地形喔。」爸爸說著，他最近為找露營地做了不少功課。

「百聞不如一見！這是親身體驗後，可以感受到大自然重要性的最佳場所。為了佳藍的最新挑戰，也讓佳英有全新體驗，就決定去濕地露營吧！」

媽媽宣布之後，佳英趕緊問任務內容。但是媽媽只叫我們明天好好期待。不知道接下來會發生什麼事情，我的心跳開始加速。

【熱門 YouTube 露營科學】濕地是什麼？

❶
小舅子，我們有上鏡嗎？
要在這裡訪談嗎？
喔！畫面很棒喔。那就開始拍攝了。Action ！
❷
大家好，這次我們決定去濕地露營。為了更好的體驗，我們來訪問準備了許多濕地資料的韓佳藍小朋友。
大家好，我是韓佳藍。
❸
佳藍！什麼是濕地呢？
在陸地或海洋，只要是長期或短暫地被淹沒或是潮濕的地區，都稱為「濕地」喔。
❹
是不是有水的地方，就可以算是濕地呀？
不一定喔～你猜猜下面哪一個地方不是濕地呢？

5
游泳池！
沒錯～要能維持自然生態系才算濕地喔。動物和植物無法在游泳池中生存，是無法維持生態系的地方。
6
濕地是連接兩個以上的生態系的地方。例如，森林生態系和水深六公尺以內的河川生態系之間交會的地點，就是濕地！
6m
陸地生態系
濕地
水生生態系
7
還有啊，濕地裡有各種生物，還能儲存水分、預防洪水，所以濕地很有價值喔！其他還有哪些功用，等我這次去觀察之後，再告訴大家！
8
姊姊這次該不會選潮間帶當目的地吧？
爸爸去哪都好，不過你知道我非常喜歡可以釣魚的地方吧？
訪問結束了嗎？攝影機還在拍喔。

溼地露營，出發！

今天早上不需要鬧鐘，我就起床了。因為對生態體驗充滿期待，讓我一下子就睜開了眼睛。佳英好像也已經起床了，因為我聽到她正在跟媽媽要超強效的防蚊液。我們為了趕上露營行程表，正在努力地整理行李並搬到露營車上。

「佳藍、佳英，你們要跟爸爸、舅舅一起好好完成任務喔！目標必須明確，才可以獲得沉浸式的體驗。在露營的時候，《科學體驗報告》裡面的任務也要好好完成。」

「媽媽，妳什麼時候做了這個？」

我被那本厚重的報告書嚇到了。

「我在網路找到科學探索比賽的資料，根據那些資料熬夜做出來的。雖然跟比賽用的報告書不同，但如果能好好觀察並記錄下來，應該很有機會拿到第一名吧？而且佳英也好好記錄的話，也會對學習科學有幫助。」

「我也要做嗎？」佳英嘟著嘴看著媽媽。

「當然囉。」

媽媽把那本厚厚的《科學體驗報告》拿給我們，然後又給了我們一籃可以在車上吃的橘子和小番茄。橘子是我和佳英最喜歡的水果，但是我們不怎麼喜歡小番茄，應該是準備給爸爸和舅舅吃的。爸爸用力發動了引擎，出發露營了。我們的車子開始往濕地方向前進。

「哥哥，好像到了喔。車子停下來了。」

突然我被佳英搖醒了。我只記得自己上車後吃了媽媽準備的橘子，之後就一覺睡死，什麼也不記得了。

車子慢慢減速，然後完全停了下來。媽媽設定好的導航目的地似乎是慶尚道的某處。車窗外出現的風景有些令人失望，沒有高聳的山峰，遠遠看過去只有滿滿的蘆葦叢和綠色草地。

導航的語音導覽表示已經抵達目的地，那聲音跟媽媽的聲音實在太像，讓我嚇了一跳。不久之後，導航畫面上就出現了這次的任務內容。

「什麼，這次任務都是黑色？有種陰森森的感覺，怪可怕的耶！」看著任務內容的爸爸瞪大了眼

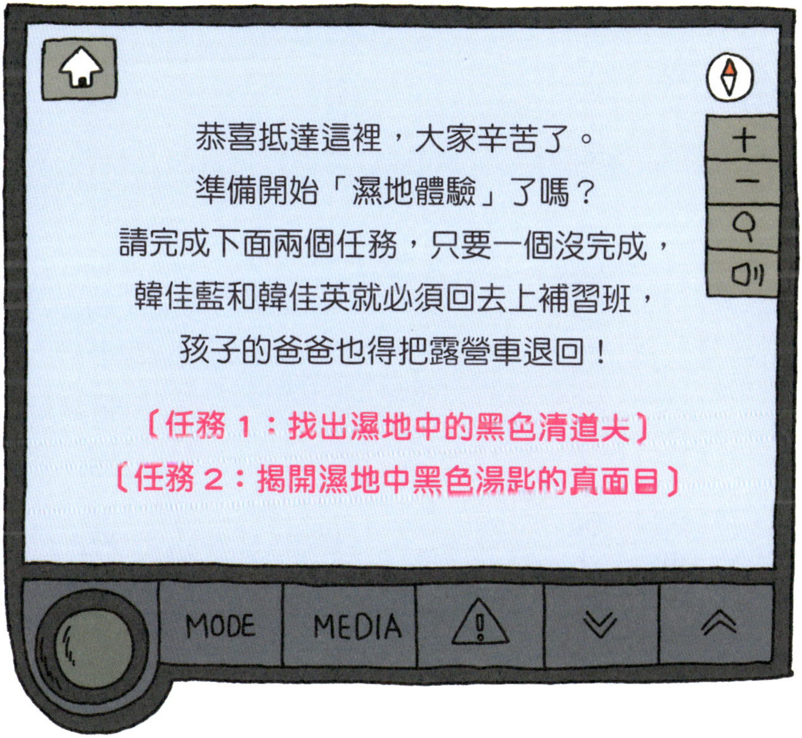
恭喜抵達這裡，大家辛苦了。
準備開始「濕地體驗」了嗎？
請完成下面兩個任務，只要一個沒完成，
韓佳藍和韓佳英就必須回去上補習班，
孩子的爸爸也得把露營車退回！
〔任務 1：找出濕地中的黑色清道夫〕
〔任務 2：揭開濕地中黑色湯匙的真面目〕
MODE
MEDIA

晴說。

爸爸似乎開始擔心萬一這次露營搞砸了，媽媽會退回他心愛的露營車。我也莫名心跳加速起來。

「佳英，我們只要找出黑色的東西，應該可以很快完成任務吧？該不會是什麼黑色動物吧？嗯……黑色……黑色兔子、烏鴉？」

「哥哥，媽媽會出這麼簡單的任務嗎？那些動物即使不來濕地也看得到吧。」

「哇，韓佳英妳真聰明！」

就在我跟佳英你一言我一句的時候，爸爸已經在濕地露營區把車子停好了。從車窗往外看，可以看到有其他人也來這裡露營。

「你們餓了嗎？期盼許久的露營第一天，交給爸爸來做飯吧。」

爸爸表示說想要好好地完成任務，就必須要先填飽肚子。爸爸在準備料理的時候，我和佳英則幫助舅舅搭搭天幕帳。

「啊，好癢！」

佳英突然跳了起來，大呼小叫地喊著自己被蚊子咬了，然後跑去露營車內找媽媽準備的蚊香。

「哥哥，包包內沒有蚊香……你沒有帶來嗎？」

在車內待了好一會兒，佳英噘著嘴走出來，狠狠地瞪了我一眼。糟糕！出發前，佳英說她包包內裝太滿，因此她把一個裝了各種防蚊物品的小包包拿給我，說要放我的包包內。但我因為太興奮，急著出門，把那個小包包忘在書桌上就出門了。那個小包包內有防蚊手環、電子蚊香、螺旋型蚊香等各種類型的防蚊小物。

「呃，那個……我……我忘記放進去了。」我充滿歉意、支支吾吾地說。

「我可以當妳的防蚊劑。」

我揮動雙手，把在佳英附近飛來飛去的蚊子、蜉蝣、小蟲子等快速揮走。

「什麼嘛，我都是因為哥哥才會來做生態體驗的，居然連防蚊液都沒帶來是怎樣？我要馬上回家。我可是蚊子最喜歡的體質。萬一我被蚊子咬了，嚴重的話有可能得日本腦炎。我如果被蚊子咬了，會一整晚癢得無法入睡。而且，我真的很討厭蚊子的嗡嗡聲。」

佳英就好像已經被蚊子咬了似的，開始抓著手臂和小腿。在我們家，佳英是最容易被蚊子咬的人，所以只要到了夏天就需要特別注意。但這次因為我的不小心，造成了很大的麻煩。那臺最新型的手機在我腦海裡變得越來越模糊了——這次無論如何都必須好好安撫她。

「佳藍，我記得露營車內好像有看到防蚊噴霧。快去找看看。」

舅舅邊幫佳英塗防蚊藥，邊對我說。

「等等，等我一下……。」

我趕緊跑進露營車內，然後把車內各個角落翻找一遍。我終於在椅子下方角落，看到一瓶噴霧罐。雖然可能沒有百分百防蚊功效，但總比沒有好。

噴霧罐所剩不多，拿起來很輕。但因為現在是緊急情況，所以我搖了搖噴霧罐之後，就往佳英前面噴灑出去。

「哥哥，噴霧怎麼可以往人身上直接噴！我是蚊子嗎？殺蟲劑內的成分對人體不好耶。」

佳英用手遮住嘴巴和鼻子後，對我發牢騷。

「喔，對喔。對不起、對不起。」

可能因為天氣潮溼，加上四周有許多草和樹的關係，蚊子和蟲一直飛過來。我們只好用手掌啪啪地打死那些嗡嗡叫的蚊子。

「舅舅，為什麼會有對人

蚊子會傳播日本腦災、瘧疾等
各種傳染病。不過，蚊子並非
只有壞處。在地球上的蚊子有
3,500 多種，其中對人類有害的
蚊子，只有大約 10 種而已。住在
濕地的蚊子幼蟲，會分解樹葉和有機物
的沉澱物。如果少了蚊子，那些靠吃
蚊子為食的蜥蜴、青蛙、鳥，
甚至某些花也會消失喔。

類有害的蚊子呢？據說，蚊子還會散播傳染病，導致人類死亡。」佳英不滿地說。

我一邊觀察佳英的臉色，一邊趕緊用爸爸的手機查詢「去露營沒帶防蚊液，怎麼辦？」搜尋結果說蚊子和昆蟲討厭有刺激性氣味的植物。幸運的是，還提到像山椒（又稱日本花椒）這種刺激性氣味的植物，在濕地附近就可以找得到。

「馬上來找山椒吧！」

「哥哥，你沒有看過山椒吧？而且快要天黑了，哪找得到啦？」佳英一臉不可置信地說。

「那麼，該怎麼辦？」

這時候，爸爸微笑著說：「有一個方法比找山椒快，是不殺死蚊子，但可以阻止蚊子靠近的方法。我們也必須保護生活在濕地的生物們呀。」

「那是什麼方法？」

「天然蚊香啊！剛剛你噴的殺蟲劑中有化學成分，對人也不好。而且蚊子討厭強烈氣味的植物，對吧。」

爸爸走進露營車，拿出我們剛剛吃剩的橘子果皮和一個不鏽鋼盤子。然後爸爸挑出比較乾的橘子皮，放在不銹鋼盤子內。接下來，他用噴火槍點燃橘子皮，橘子皮的香氣一下子就瀰漫開來。

「爸爸，這樣真的能防蚊嗎？」

「當然。因為橘子皮內有一種天然驅蟲成分『檸烯』，是蚊子很討厭的氣味喔。」

「我想到一個好方法了，可以用橘子更長時間地驅蚊。」

舅舅不知道想到什麼，他把裝有橘子的塑膠袋拿了過來，然後把橘子剖成兩半，小心翼翼地在不讓橘子中間白色的芯斷掉的情況下，把果肉取出來。接著，他往橘子裡倒入食用油，直到橘子芯幾乎被淹沒，最後他點燃了橘子芯。

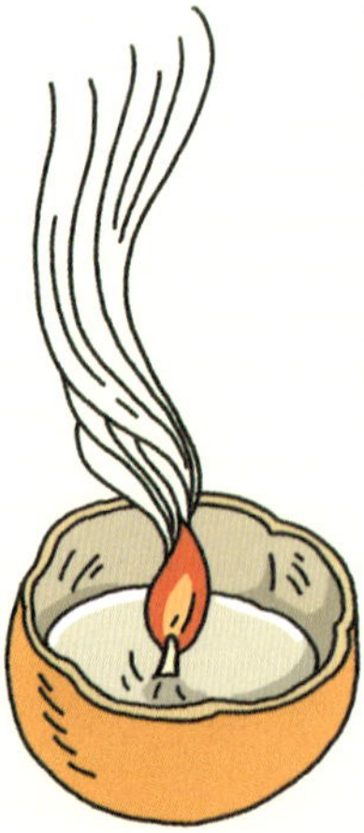

「哇！好像蠟燭喔。好美喔！而且還有淡淡的香氣，好棒！」

佳英湊近橘子聞了聞，滿意地笑了。

我也安心地鬆了一口氣。總算不用擔心因為蚊子導致計畫失敗、打包回家了。飄來的清新橘子香，伴隨著劈啪劈啪的火焰燃燒聲，讓人漸漸放鬆下來。

「你們很餓了吧？爸爸來煮美味的部隊鍋。」

「餐後點心是小番茄。」佳英搖著裝著小番茄的盒子說。

「原來還有小番茄！小番茄也可以驅逐蚊子喔……。」

「要怎樣做？」

「蚊子或蟲子非常討厭番茄中一種『茄紅素』的味道，因此把番茄切開放在盤子內，睡前擺在枕頭邊，或是在戶外活動的時候擦在皮膚上，蚊子就不會靠近了。」

爸爸切開番茄後，咬了一口，然後把剩下的番茄塗在手腳上。番茄的味道隱隱約約地散發出來。舅舅也跟著做。

「你們也快點擦吧！」

「舅舅，我還是直接吃小番茄當甜點就好。」

我連忙揮手拒絕。我原本就不喜歡小番茄，更不想擦在身上。

爸爸的料理賣相不怎麼樣，但是他煮的部隊鍋味道卻是極品。

我把火腿和部隊鍋湯汁淋在即食白飯上。徹底攪拌之後，一下子就把整碗吃光光。就連不停抱怨的佳英，也默默地吃光了鍋內的泡麵。

期盼已久的露營，差點因為蚊子搞砸，托爸爸的福才可以擺脫這場危機。我吃飽之後，緊張的心也放鬆下來，於是眼皮不自覺地沉重起來……

製作環保驅蚊劑

準備物品：橘子、食用油、刀、砧板、湯匙、打火機

1 把橘子橫放，然後從中間切成兩半。

2 在不破壞中間白色果芯（作為燈芯）的前提下，用湯匙把橘子果肉小心地挖出來。

3 倒入食用油，直到差不多快淹沒白色果芯為止。

4 最後，用打火機點燃橘子果芯，就完成了。

燃燒的原理

想要燃燒的話，就必須同時具備「氧氣、可燃物（燃料）、溫度達到燃點」這三個條件。點燃燈芯之後，通過熱氣讓燈芯上的食用油被加熱，液態的食用油靠近燈芯火苗內部的內焰附近會被蒸發。

所謂的蒸發，是說物質從液體狀態轉變為氣體狀態的現象。蒸發的煙被點燃的話，就會產生大量的熱和光。食用油順著燈芯爬上去，源源不絕地給內焰提供燃料。只要燈芯還沒完全燒盡，或是食用油還沒全部燒完，這顆橘子蠟燭就會持續燃燒下去。

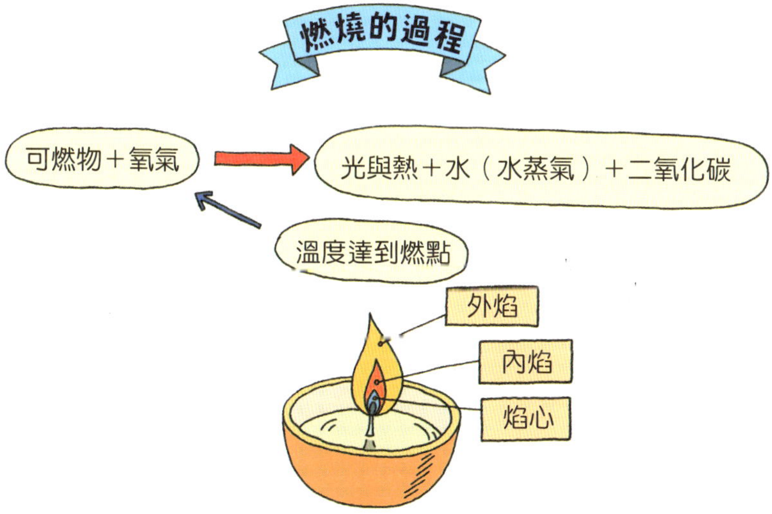
燃燒的過程
可燃物＋氧氣
光與熱＋水（水蒸氣）＋二氧化碳
溫度達到燃點
外焰
內焰
焰心

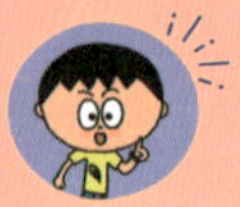

《科學體驗報告》驅蚊植物大解密

年　月　日 星期

在大自然中可以取得的驅蚊植物

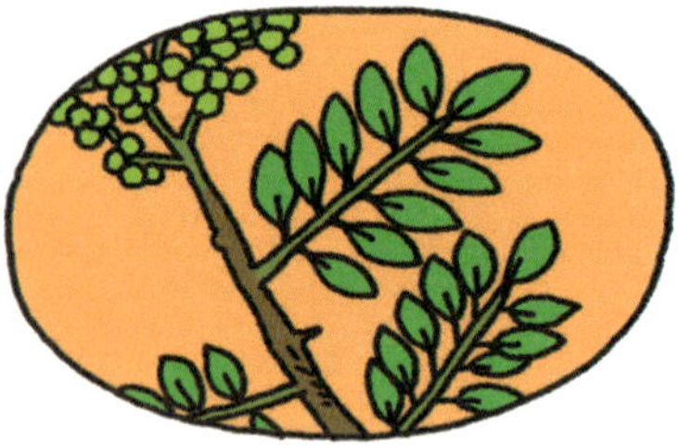

山椒

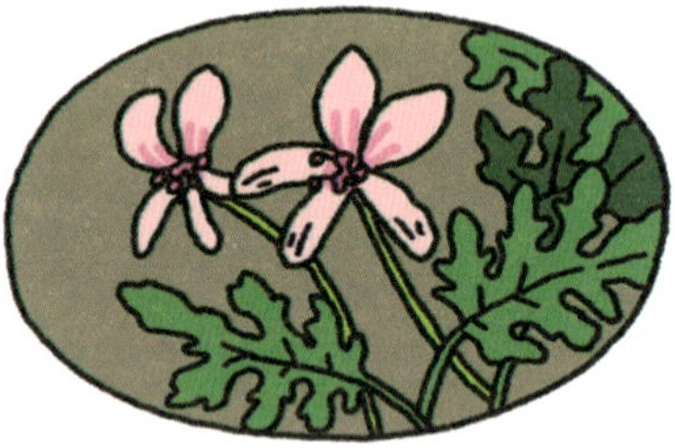

驅蚊草（香葉天竺葵）

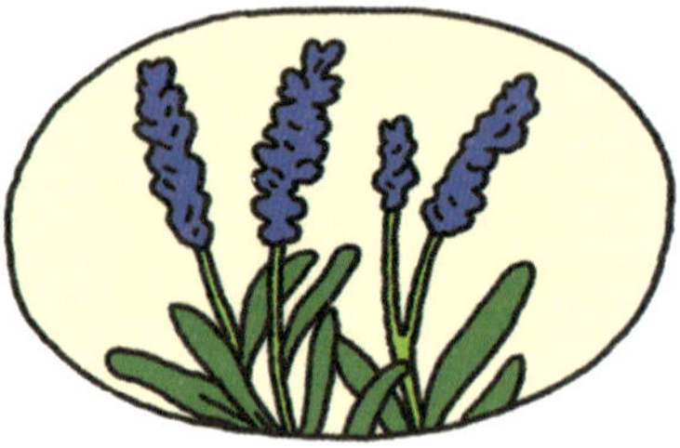

薰衣草

薄荷

夏季來了！又到了蚊子的季節，得面對嗡嗡聲和難以忍受的搔癢。市面上銷售的防蚊液中含有化學成分，但大自然的驅蚊植物對人體無害，卻能有效地趕走蚊蟲。多虧了爸爸，我們在濕地找到了山椒、驅蚊草、薰衣草和薄荷。

山椒葉中含有「山椒素」，會散發出蚊子討厭的獨特香氣。只要摘下葉子貼在臉上或在手腳上揉開，蚊子就不會靠近。驅蚊草，顧名思義就是「驅逐蚊子的草」，它的枝葉會散發出濃烈的香氣，是蚊子討厭的味道。此外，蚊子也討厭薰衣草的香氣。至於薄荷則是因為其薄荷醇成分，可以趕跑蚊子或跳蚤等害蟲。

除了種植驅蚊植物，也可以隨身攜帶曬乾後的葉子，就可以達到驅蚊的效果。還可以把薰衣草、薄荷與純水、植物性酒精和精油混合之後，裝入噴霧瓶內噴在身上，即使走進濕地，蚊子也不敢靠近。

大家下次去露營之前，一定要事先準備好這些天然防蚊液喔！

溼地水中的黑影？！

隔天一大早，雖然是夏天，但是溼地的空氣潮溼又冰冷。我拉高了被子，卻又突然跳起來。

「愛賴床的哥哥是怎麼了？這麼早就起床了？」

佳英露出疑惑的表情看著我。

「佳英，第一個任務是『溼地的黑色清道夫』吧？你覺得是植物，還是動物？」

「既然要打掃的話，不管怎樣應

該可以移動……應該是動物吧？」

爸爸這時說：「應該不是喔。不可以一開始就先入為主地認為是動物。走吧，我們去濕地看看吧。我們邊在濕地探險，邊好好觀察那些可能扮演清道夫角色的動物或植物。首先，要先填飽肚子，才會有好點子，才能可以好好地完成任務。」

「為了快點完成探險任務，我們要節省時間。看我魔術變變變！」

舅舅已經準備好早餐了。我們坐在露營車內的餐桌上，開心地吃著放滿起司的雞蛋吐司和牛奶。吃飽後，我們整理好行李，戴上了阻擋炙熱陽光的寬簷帽，就出發了。

我們在沿著長滿蘆葦和荻的小徑走了一會兒。不久之後，就看到了寫著「濕地入口」的指示牌，指示牌上還寫著大大的「生態保護區」。

爸爸就像是探險隊長那樣宣布：「我們現在開始進行濕地探險。所有人都必須遵守以下規則：第一，絕對不可以觸碰任何動物和植物。第二，不可以隨意採集植物和昆蟲，但經過允許的區域除外。第三，為了生活在濕地的生物們，不可以大聲喧嘩。還有最後一點，單獨行動前必須獲得我的同意。知道了嗎？」

「是！知道了。」

爸爸那軍隊式的口吻讓我們笑出聲來，但是我、佳英和舅舅還是異口同聲地回答了。

我環顧了一下四周，路對面升起了一片水霧。

「你看那邊，是水霧耶！好美喔。」

佳英用手指向前方。看起來像雲朵的水霧很快地消散開來，最後展現出一望無盡的河面。河岸兩邊被不知名的樹木和草包圍，綠意看上去更加鮮明。

「舅舅，為什麼會產生水霧呢？」

「暖溼空氣遇上較冷的空氣，水蒸氣就會凝結成霧滴，形成水霧。濕地水分充足，蒸發作用強烈，更容易形成水霧。」

我看著遠方漸漸散去的水霧，心想如果這時出現像山神或仙人

那樣的角色該有多好。我在心裡祈禱：「山神大人啊，請告訴我任務的答案。」

如果能像童話故事中出現金斧頭、銀斧頭那樣，告訴我媽媽準備的謎題答案，那該有多好？

「佳藍，你在自言自語什麼？你該不會又在想什麼奇怪事情吧。如果真的有疑問，聽到答案至少也要點頭一下吧？」

「咦？意思是……這裡的水很多，對吧？」

「沒錯。水面越淺的地方，通常升溫快、降溫也快，會更容易產生水霧。聽說許多YouTuber和攝影師會特地來這裡拍攝水霧，真的很美吧。」

舅舅才剛說完，就馬上拿出相機拍個不停，但是我們來這裡可不是為了悠閒地欣賞風景和拍照啊。

「舅舅，我們哪有時間拍照呀？要趕緊去濕地探險了。」

我抓著舅舅的手腕往前走。

「好壯觀。爸爸也好久沒看到水霧了。被水霧籠罩的沼澤風景，真的好美。」

「沼澤？是那個會讓腳咻地陷下去，整個人被吸進去的恐怖沼澤嗎？這裡是沼澤？」

「發生洪水的時候，河水水位上升，就會往河道的上游溢出來，這時沉積物會一層層堆積，形成堤防，水就積在那裡了。久了之後，潮濕的泥巴變成鬆軟的土地，這樣的地方就叫做『沼澤』。而這種沼澤其實也是濕地喔。」

「佳英，如果妳掉入沼澤的話，哥哥我一定會救妳的。」

「哥哥！韓國才沒有那種掉進去就爬不出來的沼澤呢。」

佳英噗嗤笑了出來。

「對了爸爸，濕地是怎麼形成的呢？」

濕地是因為自然的洪水氾濫，
導致地面低窪處蓄水
和堆積沉積物之後而形成的。
也有在沿海地帶，
由於反覆漲潮、退潮
而形成沙洲的濕地喔。

聽完爸爸的說明之後，舅舅邊點頭邊補充說明：「在韓國濕地中，有些是在湖泊或河流岸邊形成的，由於水流緩慢，所以植物分解的速度也很慢，久而久之就會堆積出泥炭層。」

「什麼是泥炭啊？」

「所謂的泥炭是媒炭的一種，是由植物殘骸或腐爛的土壤持續堆積後形成的。這樣的濕地對許多動植物來說，是很好的棲息地。你們有聽到嗎？那邊有鳥叫聲，這裡也是非常適合觀察鳥類的好地方喔！」

舅舅做出傾聽鳥鳴的表情。我們來到濕地之後，就不停地看到各種不知道名字的鳥，看來這裡的確是鳥類的樂園。聽完爸爸和舅舅的說明之後，我對濕地裡會住著哪些動植物越來越好奇。我為了找出「黑色清道夫」開始四處查看。但是除了綠綠的樹木、藍藍的天空，以及五顏六色的花朵，根本看不到有什麼黑色的物體。

「嗚哇！你看看那棵樹！」佳英說。

我以為她發現了什麼，趕緊跑了過去。

原來是一棵大樹跟旁邊許多小樹彼此糾纏在一起。樹葉雖然是綠色，但是泡在水中的樹幹超過一半以上都黑乎乎的。

「爸爸！那個樹幹是黑色的耶？」

「那個是在濕地才能看到的樹。那棵大的是腺柳。在旁邊一整群的小樹們是小垂柳。小垂柳的枝葉多，所以可以成為鳥、昆蟲和魚兒的最佳避風港。茂密的柳樹枝還可以幫助牠們躲避天敵，保護鳥寶寶喔。」

爸爸的說明太長了，我完全沒在注意聽。

就在爸爸、舅舅還有佳英一起觀察糾纏的樹木們時，我看到對面水中有個小小的物體正在蠕動。我靠近水面仔細看，水泡正在噗嚕噗嚕地往上冒，在它旁邊隱約看到一個黑色物體。

我立刻拿出包包內的撈網，往前踏出一步時，沒想到腳下一滑，一屁股跌進水裡，一隻腳整個泡進了水裡。我趕緊爬起來，順手撈起了那個黑色物體。

「哎呦！原來是樹枝。」

我又氣又失望，把樹枝用力丟得遠遠的。

「韓佳藍！我不是說過不准單獨行動嗎？濕地有許多蜱蟲和蛇類。如果被咬了的話，該怎麼辦？還有，我也說不可以隨便走進水中了吧？」

「我看到一個黑黑的東西，就不自覺地走了過去嘛……」

被爸爸罵了一頓，我低著頭慢慢走出水中。

「哥哥！你左腿後面好像黏著一條像黑色蚯蚓的東西噎！」

「什麼？」

我掉入水中之後，就把長褲往上捲起來了。等我把勾在褲子和腿上的草和小蟲都拍掉之後，發現有黑色物體緊緊地吸在我的腿上。我心想總算找到黑色東西了，所以打算用手去抓。這時候爸爸正好來到我身邊，他立刻阻止我。

「是水蛭！韓佳藍，不要動。」

「哇啊啊啊！我的媽呀！」

我嚇得直發抖。

爸爸說這應該是水蛭的幼蟲，所以直接把它拿了下來，然後小心翼翼地放在草葉上。

「這麼危險的水蛭，就這樣放走嗎？」

「從外表看起來，水蛭的確噁心又很可怕，但是這樣的小生物，其實在維持水域生態系中扮演了重要的角色。牠們會吃小昆蟲和幼蟲，幫助保持生態的多樣性。可以說，在濕地生活的無數動植物其實都有屬於自己的角色喔。」

我明白爸爸說的意思，但是身體卻沒辦法接受。總覺得全身都在起雞皮疙瘩。水蛭雖然比我想像中小多了，但是我還是忍不住覺得毛毛的。我下定決心，再也不要自己一個人跑進水裡了。

「到底黑色清道夫是什麼？」

我的好奇心越來越強烈了。

【熱門 YouTube 露營科學】沼澤是怎麼形成的？

❶拍攝結束之後，你要確實喊 OK 喔！
當然！那我馬上開始拍攝囉。第二段訪談錄影——Action ！
❷大家好，我們正式展開濕地探險囉！這裡是濕地類型中的一種——「沼澤」。你知道沼澤是怎麼形成的嗎？
我會一邊畫圖，一邊來解說。
00:02
❸如果一片平坦又低窪的地區下了很多雨，河水就會往那邊流，加上雨水的累積，一段時間後就會形成小水坑。
雨水
❹隨著時間流逝，雨水越積越多，這些小水坑互相連起來，變成又大又深的水坑，最後就形成了淺水池。

5 水池中會長出蘆葦或雜草等植物。有了植物之後，就會產生泥土、枯葉和有機物。水池就這樣慢慢地被泥土混合物填滿。
6 水池中的沉積物和有機物持續累積，水就會變淺，長出更多植物。
沉積物
有機物
這裡就成為適合許多生物生活的環境。幾年後，水池就會變成沼澤。
7 哇啊！魚也會出現，水鳥也會來到這裡。
各位訂閱者，我們下次見囉～
8 一邊畫圖一邊講解，果然更加好懂呢。那麼，濕地課……不，是爸爸的訪談就到此結束啦！
OK，兩位！你們比我更加適合當 YouTuber。默契也太好了吧～

《科學體驗報告》濕地探險前的準備

年　　月　　日　星期	

探險準備物品
捕蟲網
寬簷帽
撈網
觀察盒
望遠鏡
放大鏡
觀察放大鏡
곤충도감
조류도감
식물도감
昆蟲圖鑑
鳥類圖鑑
植物圖鑑

探索溼地之前，要先穿上適合戶外活動的衣服。即使是夏天，因為有許多昆蟲出沒，所以要穿上長褲和長袖上衣，另外也要戴上防曬用的寬簷帽。

溼地是自然生態保護區，所以不可以隨便採集植物或是抓走昆蟲，只能以觀察為主。為了觀察而收集來的生物，在觀察之後一定要原地放回。使用撈網或補蟲網，把收集到的生物放入觀察盒內，再用觀察放大鏡觀察。使用放大鏡或觀察放大鏡時，可以把小小的生物放大十倍以上來看，可以更加仔細地觀察。

試著在觀察時找出特徵，最好事先準備好鳥類、植物和昆蟲的圖鑑，也可以請大人幫忙用手機查，在「臺灣生命大百科」網站就能找到生物或植物的名字。別忘了寫在筆記本上喔！

把在溼地看到的植物、動物或昆蟲的特徵馬上寫下來，畫下來或拍照記錄也可以。

濕地的小小清道夫

我用爸爸準備的毛巾把溼掉的腳擦乾。佳英一直在滑手機。我擔心她會跟媽媽打小報告，說我一個人跑進水裡。那樣的話，媽媽一定會說太危險了，要大家馬上回家。

「佳英，妳在做什麼？」

「我怎樣也想不出來『黑色清道夫』是什麼，所以叫媽媽給我們一個提示，正在等她回覆……哥哥你為什麼那樣驚訝？」

朝鮮側褶蛙的背部是翠綠色，腹部是黃色。翠綠色的背部兩側還有兩條粗大鮮明的金色線條。

「欸，沒有啦……。」

我說不出話來，有點結結巴巴。

這時候媽媽的提示來了。

「什麼，提示是朝鮮側褶蛙？」

我們都歪著頭，思考「朝鮮側褶蛙」和「黑色清道夫」有什麼關聯。

這個根本不是提示，反而是收到另一個更難的謎題。

「總之，我們先找到朝鮮側褶蛙吧。」

爸爸的話，讓我們加快了腳步。

「在濕地體驗區應該可以看到朝鮮側褶蛙。好，我們快走吧。」

我們在濕地入口處看到的蘆葦，在這裡更多了。又細又長的蘆葦密密麻麻地擠在水中。整個水面就像被綠藻籠罩了似的綠油油，比小指指甲還小的圓形葉子們布滿了水面。

「這裡有著各式各樣的水生植物，還有『青蛙飯』耶。」

「爸爸，什麼是『青蛙飯』？」

我聽到青蛙飯，一瞬間以為這跟朝鮮側褶蛙有關。

「你看那邊漂浮在水面上的綠色葉子，那個就是水萍。水萍是整株都漂浮在水上或水中的水生植物。水萍通過光合作用在水中釋放氧氣，供應水生生物氧氣和食物。另外，浮在水中的黑藻也會在水中釋放氧氣喔。還有一點很有趣，那就是青蛙其實不吃水萍。」

「青蛙不吃青蛙飯嗎？」

「因為水萍聚集的地方，很適合青蛙躲藏，所以會有很多青蛙，因此水萍才被稱為『青蛙飯』。」

「喔~原來青蛙不是為了吃才住在這裡啊！」

聽完爸爸的話之後，我心想會不會水萍中正藏著一隻朝鮮側褶蛙，所以認真地觀察起來。整片水面都是綠色的，即使真的有朝鮮側褶蛙，因為顏色太過相近，感覺也是很難找到。這時候，不知道從哪裡傳來小小的聲音，好像是動物的叫聲。

「呱呱呱。」

一隻青蛙，翠綠色背部有著兩條突出的金色線，就跟媽媽傳來的照片裡的朝鮮側褶蛙一模一樣。

「是朝鮮側褶蛙！」

我嚇到叫出來。

仔細一看，朝鮮側褶蛙正躲在水萍

之間叫著。兩者顏色太像了，像在玩找不同的遊戲。水面上有各式各樣的昆蟲飛來飛去，但是並沒有看到什麼黑色物體。

「既然找到了朝鮮側褶蛙，那趕緊來完成第一個任務吧。」

爸爸剛說完，我就仔細地四處觀察。

「爸爸，朝鮮側褶蛙即使是捕捉食物的時候，也是一動不動的。朝鮮側褶蛙的食物是什麼？」佳英問爸爸。

「主要是蒼蠅、蚊子或蜻蜓等昆蟲，也會吃生活在水中的昆蟲。」

「有生活在水中的昆蟲嗎？」

「當然！像蜻蜓或蚊子的幼蟲就是住在水中。生活在水中的昆蟲被稱為『水生昆蟲』。」

我心想水生昆蟲會不會跟朝鮮側褶蛙有什麼關聯，所以從背包內拿出撈網。伸進水裡的撈網變得沉甸甸的，我雙手握好把手，用力撈起來。

「啊，你們看這個！」我忍不住大聲喊道。

「什麼？」

爸爸、舅舅，還有佳英都靠了過來。撈網裡有各種水草和黑藻。因為連水草和泥土一起撈起來了，撈網才會這麼重。不過在黑藻上，有一隻橢圓形的黑色昆蟲咬著比自己還大的小魚，快速地擺動著尾巴。不久之後，牠拖著魚往那滿滿的黑藻下面鑽了進去。

「爸爸，昆蟲也吃魚

嗎？」

「那是短腹大龍蝨，牠們速度很快，所以很難抓到。像今天這樣被撈起來，真的很難得。這種昆蟲會把死去的魚都吃光光。」

「爸爸，等等。牠們會把死去的魚吃光光的話，不就是清道夫嗎？」

短腹大龍蝨是我之前在昆蟲博物館內參加昆蟲體驗課程時看過的昆蟲。我隱隱約約地記得那時候老師針對短腹大龍蝨有說過什麼，但我記不起來了。

「爸爸，你的手機借我一下。」

「我要查一下短腹大龍蝨的資料。」

我拿到爸爸的手機後，馬上查詢短腹大龍蝨。

網頁上寫著：短腹大龍蝨會吃掉在水中死去的魚，有助於防止水汙染，維持水質乾淨。這樣說來，應該就是濕地的水中清道夫了吧。短腹大龍蝨雖然很小，但絕對是維持濕地環境的大大守護者。

我又仔細地觀察短腹大龍蝨，牠用那寬大的後腿上下划動，前腿則是抓著魚，啃食著魚的身體。

「哥哥，就算是死掉的魚，但看起來還是有點殘忍。」佳英嘟起嘴巴說。「爸爸，牠們把死去的魚吃掉，水就會變乾淨吧？嗯，那樣的話，第一個任務好像完成了。」

我拍了一下膝蓋，眼睛睜得大大的。

「沒錯。短腹大龍蝨在水中的嗅覺很靈敏。即使是生病死掉的魚，不管三七二十一通通都會吃掉。當然也會吃昆蟲的屍體。短腹大龍蝨的後腿又大又寬，就像船槳那樣可以撥開水，幫助自己快速游動。後腿上還長滿濃密的毛，可以幫助短腹大龍蝨在水中快速地改變方向。」爸爸邊仔細觀察短腹大龍蝨邊說。

「我們小時候去水邊的時候，常常能看到許多短腹大龍蝨。最近越來越難看到了。現在短腹大龍蝨的數量急速減少，已經被列為第二級瀕臨絕種野生動物，受到重點保護。」舅舅補充說。

「沒錯。這是以前在小溪邊最常見的昆蟲之一。我小時候還經常在溪邊玩龍蝨遊戲。那們多的龍蝨，都去哪裡了？」

爸爸似乎一時陷入了小時候的回憶中。

「舅舅，短腹大龍蝨消失的理由是什麼？」

「短腹大龍蝨是生活在水中的昆蟲，所以喜歡棲息在水生植物很多的水庫、水池、水坑或稻田裡。但是現在使用太多農藥了，短腹大龍蝨也慢慢地消失了。」

在一旁專注聽著的佳英歪著頭問：

「哥哥，龍蝨顏色看起來像黑色，但是又有點像綠色耶。」

確實如佳英所說，短腹大龍蝨在陽光的照射下，看起來像帶綠的黑色。

「那麼，該不會認錯了吧？」

一股不安湧上心頭，但我還是故作鎮定。我先拍了一張短腹大龍蝨的照片，然後傳到家族的聊天群組裡讓媽媽確認。

雖然體型很小，但是擁有強壯下頜的短腹大龍蝨，好像要把比自己還大的魚都吃光才願意鬆口。我原本打算把魚從短腹大龍蝨嘴裡救下來，但最後放棄了。我把整個撈網放入水中，把短腹大龍蝨送回了原來的地方。

這時候，媽媽回覆我們了。群組裡還跳出一張恭喜的貼圖。

「呼，幸好。比預期更快完成第一個任務呢。」

佳英也開心地笑了。

「韓佳英，相信哥哥。第二個任務也會很快完成的！」

任務
成
功
沒想到這麼快就完成第一個任務了呢！

【熱門 YouTube 露營科學】

水生植物「水萍」的角色

生在濕地的水生植物，也會進行光合作用。它們通過光合作用，在水中為生物們提供氧氣。讓我們來觀察看看，水萍是如何產生光合作用吧！

實驗準備物品

水萍、250 mL燒杯、BTB指示劑、試管兩支和試管架、試管蓋、滴管、吸管、玻璃棒

實驗過程

1 BTB指示劑是可以測量液體是酸性或鹼性的指示劑。滴入BTB指示劑之後，顏色呈現綠色的話就是中性，黃色就是酸性，藍色就是鹼性。

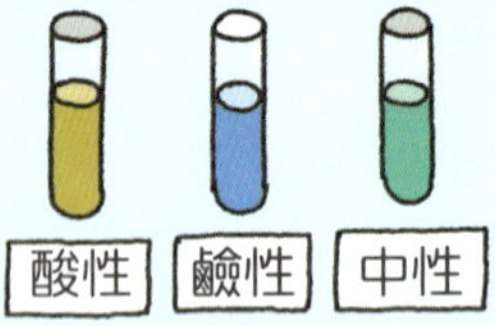

2 在250 mL燒杯中放入200 mL的水，再用滴管滴入4滴綠色的BTB指示劑。用玻璃棒攪拌均勻，然後用吸管往燒杯內吐氣，直到燒杯內的溶液變成黃色。接著用滴管把燒杯內的溶液分別裝50 mL在兩個試管內（如左頁圖），用油性筆在試管分別寫上A、B。

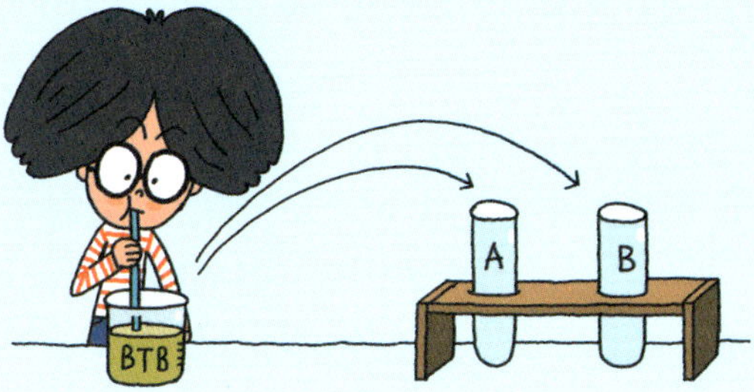

3 在試管A內放入水萍後，蓋上蓋子。試管B不放任何東西就直接蓋上蓋子。接著，把兩個試管都放在陽光照射的窗邊。兩個小時之後，就可以觀察試管中溶液顏色的變化。

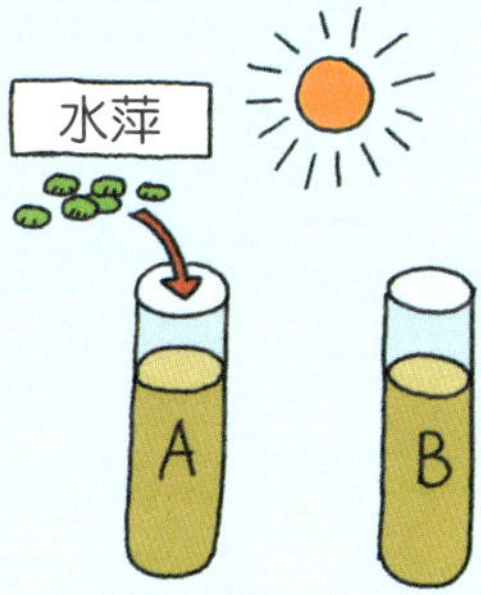

實驗記錄

	實驗前	實驗後
試管A（有水萍）	黃色	藍色
試管B（無水萍）	黃色	黃色

實驗結論

一開始，我們可以觀察到含有BTB指示劑的水，用吸管吐氣（加入二氧化碳）後，變成了黃色。接著，在試管A裡放入水萍，兩小時後觀察，變成了藍色，這是因為水萍進行了光合作用，將水中的二氧化碳轉換成氧氣，使水中的酸性降低，變成鹼性。因此，實驗證明了水萍會進行光合作用。

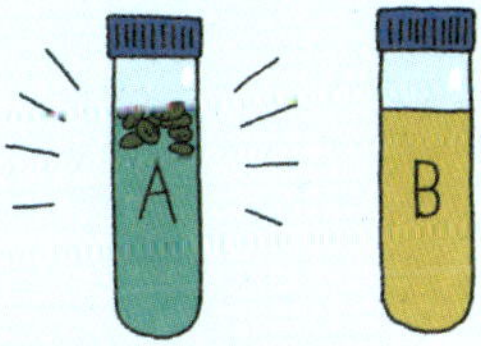

光合作用反應式：水＋二氧化碳 ➡ 葡萄糖＋氧氣
⬆
光能

《科學體驗報告》濕地探險記

年　月　日 星期

我和舅舅用濕地的水生植物水萍，做了一個實驗。

我第一次看到整片浮在水面上的水萍時，真的很吃驚。這麼多的水萍，我當時想：「生活在水中的魚或昆蟲會不會無法呼吸啊？水會不會變的很髒？」

但是做完實驗之後，我才知道水萍扮演了重要角色。

水中有許多營養

成分，但是氮或磷過多的話，二氧化碳就會增加。這樣一來，溶解在水中的氧氣就會變少，水中生物就會難以呼吸。不過，水萍通過光合作用，吸收了氮或磷，同時提供了氧氣。而且水萍的繁殖速度很快，會覆蓋整個水面，可以減緩濕地的水份蒸發。水萍還為水生昆蟲和魚類提供了許多生存空間。比小拇指的指甲還小的水萍，聚在一起之後，卻能發揮強大的力量，把自己的角色扮演得很出色！

和舅舅做實驗的時候，感覺自己就像在實驗室內研究的科學家，真的超級有趣！我也因此對生長在濕地裡的各種植物產生了更多好奇心。

神奇的水生植物

想到第一個任務「找出濕地中的黑色清道夫！」順利完成了，我就忍不住笑出來。

來到濕地露營之後，我滿腦子都在想跟黑色有關的事情，心情有點沉重，但是現在漸漸開始有了自信。我感覺第二個任務「揭開濕地中黑色湯匙的真面目！」也可以輕鬆完成。

「爸爸！我們快點去完成第二個任務吧！」

「今天到這裡就好。我們明天再繼續。太陽快要下山了。」

爸爸用手指了指天空說。遠方的緋紅夕陽正緩緩地落下。

「哥哥，看你的腳！也太髒了吧！」

我的運動鞋滿是泥土和草葉，搞得髒兮兮的。身體也因為流汗又溼又黏，感覺很不舒服。

加上今天烈日高照，我喝了超多水，現在肚子因為水而鼓鼓的。我一回到露營車，就趕緊去上廁所，然後洗了個澡。

「大家都肚子餓了吧？今天的晚餐是媽媽做的烤肉喔。」

「哇啊！媽媽，我愛妳。」

爸爸說完之後，我們都拍手歡呼起來。媽媽牌烤牛肉是我們家最愛的料理了。細心的媽媽為了要來露營的我們，特地準備了水果和食物。舅舅煮的鍋飯熱氣騰騰，爸爸則是在平底鍋上來回翻炒烤牛肉。實在太好吃了，我們在眨眼間就把食物都吃光光了。

吃完晚餐之後，舅舅開始整理照片。一旁的佳英環顧了四周後，皺起了眉頭。

「爸爸，露營車內實在太髒了。」

吃完晚餐但還沒有收拾的碗盤，溼毛巾和髒衣服讓露營車內顯得相當凌亂。看來是大家用完東西之後，沒有物歸原位。

看到這情況，爸爸提議說：「我們來玩遊戲，輸的那隊要把這裡全部打掃乾淨，如何？」

「好！」一聽到要玩遊戲，我充滿了信心。

「我也贊成！那要玩什麼遊戲？」佳英也信心滿滿地說。

不久之後，爸爸拿了幾株植物放在地板上。那是蘆葦和布袋蓮。爸爸說是從被許可的區域採集來的。

居然是在濕地入口處就有的蘆葦。什麼嘛！我本來以為是什麼好玩的遊戲或是吃東西比賽呢，所以有點失望。

「這是要幹嘛？」

我跟佳英同時問。

「這是布袋蓮。你們知道布袋蓮會浮在水上嗎？你們猜猜看，圓圓的葉柄內是什麼構造，才讓布袋蓮能夠浮在水上呢？我們先各自推測原因後，畫出布袋蓮葉柄內部的模樣。畫對的那一隊就獲勝。」

爸爸把地上的布袋蓮放入裝有水的寶特瓶內。我仔細觀察，發現布袋蓮是由淡紫色的花、葉子、圓鼓鼓的葉柄、根部和莖組成。

「上次在洞穴探險時，我跟爸爸同一隊，這次交換一下隊員，如何？」

看著布袋蓮的佳英先開口說。

「喔！很棒的點子。」

我心裡其實很想和爸爸一組。爸爸常說自己是特戰隊出身，在山裡、森林、河川和海邊都受過訓練，所以對大自然相當熟悉。再加上，爸爸總說自己在學生時期，科學考試常常考第一名，很有自信。我這次一定要贏。

「同隊成員討論之後，就在《科學體驗報告》上畫出你們猜測的內部構造圖。限時五分鐘！好，計時開始！」

我先仔細地摸了摸葉柄，拿起來觀察。感覺有點軟軟的，而且很輕。佳英也是先摸摸看，又壓了壓，非常仔細地觀察後，就走到舅舅旁邊。

「爸爸，我剛剛喝了好多水，所以肚子有點脹。我猜同樣的道理，葉柄內一開始是空的，裝滿水之後，才變得胖胖圓圓的吧。」

「嗯，布袋蓮的鬚根長得這麼茂盛，看起來應該是先把吸到的水儲藏在葉柄內吧？然後再把水輸送到葉子。」

爸爸邊看著布袋蓮的根邊說。我跟爸爸有相同的想法，看來我們意見一致。

於是我畫了布袋蓮葉柄內充滿水的圖。

嗶嗶嗶——！

表示時間到了的計時器一響起，舅舅就說：「停！佳藍和佳英你們對彼此解釋一下自己畫的圖吧。」

過了一會兒，討論得相當激烈的佳英和舅舅，展示了他們的圖。那是一張充滿錯綜複雜的孔洞的圖。

「剛剛我看到在水萍旁邊的布袋蓮也漂浮在水面上。要浮在水上，就必須有空氣。就像游泳圈因為內部是空的，才可以漂浮在水上，所以同理可證，布袋蓮的葉柄裡應該有很多空氣。」佳英非常肯定地說。

「我認為葉柄裡充滿了水。通過根把水吸到葉柄內，再供應給葉

子。」

我把畫著布袋蓮葉柄內充滿水的圖畫展示出來。

「到底誰猜對了呢？我們直接來確認看看吧。」

爸爸小心翼翼地把布袋蓮的葉柄從中間切開。仔細觀察被切開的葉柄斷面，可以看到像蜂巢一樣有許多密密麻麻的孔洞。舅舅遞給我一杯水，叫我把被切開的的布袋蓮放在裡面壓壓看。我一壓下去，氣泡就咕嘟咕嘟地冒出來。

「啊，我猜錯了。我認輸！」

「怎麼回事？哥哥玩遊戲輸了，居然這麼爽快就服輸了。」

「沒問題嗎？洗碗、收毛巾和整理衣服，你一個人收拾可能要花不少時間喔。」

「其實像這樣直接觀察和體驗，真的挺有趣的耶。我平常對植物不太感興趣，不過在寫生態觀察探險報告時，這應該會是很棒的參考資料。只要能贏得新手機，這點小事不算什麼啦！」

連爸爸也露出吃驚的表情看著我。

「爸爸，既然蘆葦也是水生植物，那它的葉柄也像布袋蓮一樣，是中空的嗎？」

「蘆葦是單子葉植物，所以沒有葉柄。不過我們也來觀察看看蘆葦的莖吧？」

爸爸拿起長長的蘆葦說，然後把蘆葦的莖縱向切開。

「蘆葦的莖內部也是中空的。」

「哇，裡面有很多小孔耶。難怪剛剛有風吹過來，蘆葦也不會被折斷，只是先彎向另外一邊，然後又彈回原本的位置。」

佳英一邊看著蘆葦莖的內部，一邊說。

「佳英，妳是什麼時候看到的？」

「哥哥！你不要只顧著找黑色的東西，要好好的觀察濕地四周啦！」

佳英的話讓我有點慌亂，因為我好像被她看穿了。

爸爸接著把一根黃色蘆葦的根部橫著切開。每一條蘆葦的根就像吸管那樣，裡面都是空的。

「這些空洞可以幫助空氣輸送到根部，提供氧氣給水裡的根部，讓它們不會腐爛。因此這些根還可以淨化水質，就像天然的淨水器呢。」

我覺得生活在濕地的水生植物真的非常厲害。

爸爸和我配合得天衣無縫，一下子就把露營車整理好了。佳英和舅舅則是坐在沙發上悠閒地翹著腿休息。

【熱門YouTube露營科學】

觀察水生植物的通氣組織

蘆葦和布袋蓮有著幫助呼吸的「通氣組織」。通過通氣組織，就能把空氣傳送到葉子或莖部。我們一起來觀察通氣組織的構造吧。

1 觀察布袋蓮的外部結構。

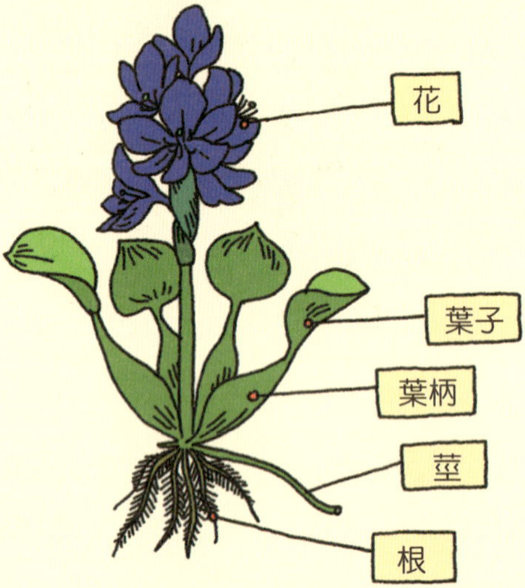

2 接下來觀察布袋蓮的內部構造。摘下兩個布袋蓮的葉柄，一個橫切，另一個直切，然後仔細觀察被切開的斷面。可以看到密密麻麻的氣室。將燒杯裝水後，把切開的葉柄放入燒杯內，再用手壓看看，就可以看到氣室中有氣泡咕嘟咕嘟地冒出來。

3 接下來把蘆葦的莖橫向切開，觀察莖的內部結構。

4 最後把蘆葦的根橫向切開，觀察根的內部結構。

實驗結論

當植物的根泡在水中時，會因為氧氣不足，導致細胞無法好好地進行呼吸作用。當呼吸作用無法運作時，就無法讓植物獲得生命維持所需的能量，根就會慢慢地腐爛。不過，由於有了可以讓空氣流通的通氣組織，布袋蓮和蘆葦的根才不會腐爛。

《科學體驗報告》水生植物的種類

年 月 日 星期
浮葉植物
睡蓮、布袋蓮
漂浮植物
水萍
挺水植物
蘆葦、芒草、
菰草（茭白筍）
沉水植物
黑藻（水王孫）

在濕地最常看到的植物就是水生植物了。

我原本以為所有水生植物都相同，但其實根據它們生活在水中的位置分成了「挺水植物、漂浮植物、浮葉植物、沉水植物」四種。

挺水植物是根部長在土裡，莖和葉子的一部分或大部分伸出水面上的植物，例如蘆葦、芒草、菰草等。根部長在水底，葉子浮在水面上的布袋蓮或睡蓮，屬於浮葉植物。根不固定在土裡，而是整株植物都浮在水面上的水萍是漂浮植物。而根部在水底，其他部分也全部在水面以下的黑藻，則是沉水植物。

不只是魚和昆蟲需要呼吸，就連生活在水中的植物也需要呼吸。我跟爸爸親眼觀察了蘆葦和布袋蓮，了解到它們有各自的生存策略。

濕地的水生植物會吸收汙染物質，讓水變得乾淨。這樣一來，水生昆蟲就能在此快樂地玩樂和產卵。對鳥兒來說，水生植物既是食物，也提供了庇護的空間。真的非常謝謝水生植物！

鳥屎大騷動

今天是露營的第三天了，也是三天兩夜露營行程的最後一天了。我早上很早就起床，梳洗好之後，就坐在椅子上，呈現隨時可以出發的完美準備狀態。但是露營車內只有佳英和舅舅，完全沒看到爸爸的身影。我們要快點完成任務才行，我感到非常焦慮不安。

「舅舅，第二個任務是『找出濕地中黑色湯匙的真面目』。黑色湯匙到底是什麼意思呢？」

「這個嘛……」

舅舅心不在焉地回答我，看起來他正專心看著鳥類的影片。我們來到濕地之後，聽到了各種鳥兒的聲音。舅舅可能因為無法親眼看見那些鳥而變得焦躁了吧。直到現在，舅舅拍到的鳥，只有一隻在附近常見的蒼鷺，讓那臺高價相機看起來也垂頭喪氣的。

就在這時，露營車外傳來爸爸的聲音。

「什麼啊？這到底是什麼？」

我、佳英和舅舅以為發生了什麼大事，急忙跑了出去。

「糟了！都毀了！」

原來是爸爸心愛的露營車車窗上，沾上了又厚又髒的鳥屎。爸爸正在氣喘吁吁地擦著玻璃窗。

「爸爸，我們一起幫忙！」

佳英把水灑在另一面車窗後，開始擦起來。我也加入擦窗的行列。鳥屎不但遍佈的範圍很大，而且已經變得硬梆梆的黏在玻璃上，比想像中更難擦掉。為

了不在爸爸寶貝的露營車留下刮痕，我們非常小心翼翼地擦拭。我們認真地擦啊擦，不知不覺中面前的車窗又變得乾淨了。

「剛看到這些鳥屎，真的很讓人生氣。不過幸好有你們和小舅子一起幫忙，這些鳥屎很快就擦乾淨了⋯⋯。」

爸爸邊擦邊仔仔細細地查看一遍，像是在確定露營車是否有留下刮痕。

「舅舅，剛剛那些鳥屎，超像是腹瀉的屎耶！我之前喝了過期的牛奶，肚子痛拉肚子，鳥也會這樣嗎？」

「應該不是，從剛剛的鳥屎大小來看，應該是體型很大的鳥。而且我們又不是把車子停在樹下，還可以被噴成這樣來看，應該是這附近的鳥真的很多。鳥在飛行之前，為了減輕重量，會噗哧地拉屎後再起飛。」

這讓我想到，爸爸以前有時候會因為太陽太大而把車子停在樹蔭下。那時候車上也有鳥屎。不過不像這次這麼多、這麼大坨。舅舅轉動著相機鏡頭，用老鷹般的銳利眼神觀察著四周，看起來是虎視眈眈地等著拍到鳥兒的機會。

這時候，舅舅突然快速地拿起相機，像在對焦似的左右轉動鏡頭。

「什麼？有看到什麼嗎？」

我以為他找到了黑色湯匙，大呼小叫地跑到舅舅身邊。

「噓——安靜！」

舅舅依舊把眼睛靠在相機上，小聲地說。

「有什麼啊？」

佳英也好奇地問舅舅。

「黑色。」

「黑色？那麼，我們找到了？」

我、佳英和爸爸聽到舅舅說黑色之後，眼睛為之一亮。因為舅舅叫我們要安靜，所以我們的嘴巴都閉得緊緊的，但是依然藏不住笑容。舅舅連續按下快門。

『好耶！現在任務都完成了！最新型手機，等等我！』

我開始幻想任務成功的畫面。

舅舅說鳥兒太遠了，直接看看不到，讓我們拿雙筒望遠鏡來看。我慢慢地把雙筒望遠鏡放在眼前。但是眼前灰濛濛，一片模糊，什麼也看不到。

於是舅舅叫我把雙筒望遠鏡的目鏡根據眼睛的寬度調整後再來對焦。我轉了幾次之後，原本灰濛濛的畫面變得明亮，我開始可以清楚地看到眼前的事物。

我、佳英和爸爸並排地站在舅舅旁邊，我用雙筒望遠鏡看向舅舅指的地方。

「舅舅，你是說那隻站在樹枝上、全身黑的鳥嗎？」

有一隻鳥站在樹枝上，正在用自己的嘴巴整理羽毛。銳利且彎曲的爪子緊緊地抓住樹枝。鳥的頭部是黑色的，後腦勺還有黑色的長羽毛，背部和翅膀是深藍綠色，胸部和肚子則是暗灰色。還可以看到那隻鳥又長又尖的嘴巴，看起來很鋒利。

「牠就是黑色湯匙嗎？」

佳英不太相信地嘟囔著。

「佳英，牠叫做『綠簑鷺』。頭上的羽毛很像綁頭髮的綢帶，所以在韓國也被稱為『黑羽夜鷺』。而且，你不覺得牠看起來像是把黑色湯匙倒扣在頭上嗎？」

「有嗎？好像是有那麼一回事？夏天在河邊好像有看過。」

爸爸附和舅舅的話。

「沒錯。牠們主要在河邊抓小魚或青蛙來吃。因為腿短且沒有蹼，所以無法在水中游來游去抓魚，而是在某處安靜地等待機會。牠們抓魚的實力可是一流的喔。」

舅舅可能有點興奮，聲音越來越大。

「可是，舅舅，我怎麼想都覺得怪怪的。如果是這樣，媽媽一

媽媽，我們發現了長相很奇特的鳥。
牠的嘴巴長得像黑色湯匙嗎？

開始的任務就應該提到這一點啊？」佳英露出依舊懷疑的眼神說。

「也對喔……」舅舅也變得不太確定了。

我覺得與其我們幾個在這邊苦惱半天也沒有答案，不如直接問媽媽更快。

我忽然靈光一閃！

「媽媽，嘴巴長得像黑色湯

匙的鳥就是答案嗎？」

媽媽等於直接說出了答案。

我感覺任務成功就在眼前了。噗通噗通！我的心越跳越快。

「舅舅，快點把綠簑鷺的照片傳給媽媽看。」

舅舅趕緊把拍下的照片傳給媽媽。媽媽也馬上看了照片。但是不要說慶祝的貼圖了，家族群組一片安靜。我為了要得到肯定的答案，再次傳訊詢問媽媽。

「媽媽，不是這隻鳥吧？第二個任務的提示是嘴巴長得像黑色湯匙的鳥，對吧？」

「喔……那個……嘴巴……欸，我不小心直接告訴你答案了。」

「媽媽，謝謝妳啦。」

【熱門 YouTube 露營科學】雙筒望遠鏡的使用方法

❶
大家好，要觀察鳥類可少不了雙筒望遠鏡喔！現在我就來教大家怎麼使用吧～
00:14
❷
屈光度調整環
眼罩
目鏡
中心對焦輪
物鏡
中心軸
背帶孔
三腳架固定螺絲孔
先介紹雙筒望遠鏡各部位的名稱。
❸
接下來教大家怎麼使用雙筒望遠鏡。首先取下物鏡蓋。如果沒戴眼鏡，可以把目鏡的眼罩拉長或往外翻；如果有戴眼鏡，可以直接使用。
4
把眼睛靠在目鏡上，盡可能看向遠方的東西。調整一下，直到左右兩邊的視野合成一個圓圈。

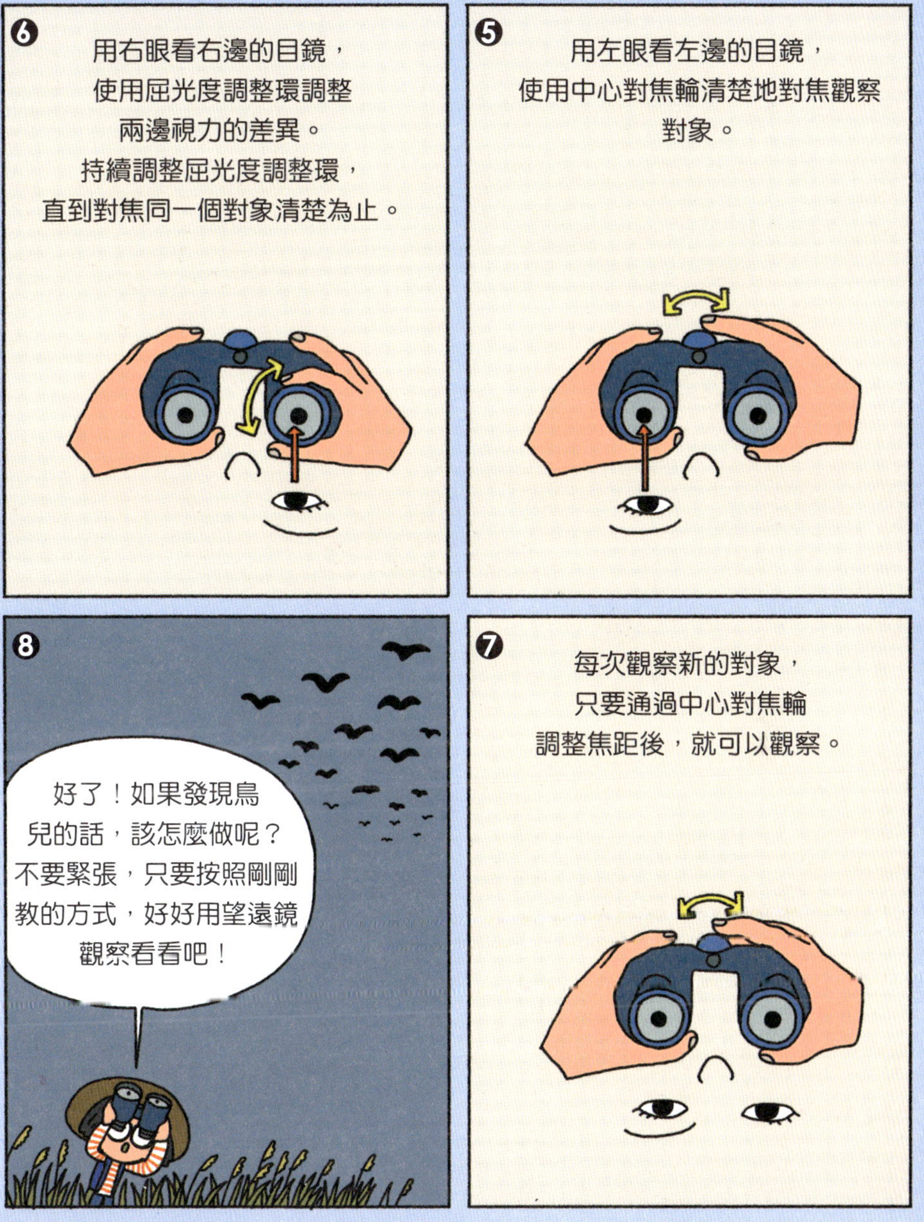
5
用左眼看左邊的目鏡，
使用中心對焦輪清楚地對焦觀察
對象。
6
用右眼看右邊的目鏡，
使用屈光度調整環調整
兩邊視力的差異。
持續調整屈光度調整環，
直到對焦同一個對象清楚為止。
7
每次觀察新的對象，
只要通過中心對焦輪
調整焦距後，就可以觀察。
8
好了！如果發現鳥
兒的話，該怎麼做呢？
不要緊張，只要按照剛剛
教的方式，好好用望遠鏡
觀察看看吧！

《科學體驗報告》一起觀察鳥兒吧！

年　　月　　日 星期

觀察鳥類所需的服裝和準備物品
錄音機
筆記本和鉛筆
鳥類圖鑑
鳥類圖鑑
手套
望遠鏡
長袖衣物
運動鞋
雨鞋
登山鞋

賞鳥須知

1 不要穿鮮豔的衣服，請穿著與自然環境相近顏色的衣服。太鮮豔的衣服會馬上被鳥類察覺，讓牠們飛走。

2 戴上帽子。頭髮被風吹動時，會讓鳥感到害怕。

3 不要擦氣味濃烈的化妝品，特別是不要噴很濃的香水。鳥對氣味非常敏感，野生鳥類即使在兩百公尺以外，也可以聞到化妝品的味道。

4 觀察時，動作要小心、緩慢，避免驚嚇到鳥。鳥對任何動靜也很敏感，觀察時應與鳥類維持至少三十公尺以上的距離。

5 不要發出聲響。鳥對聲音也很敏感。

6 邊觀察邊做記錄，或用鳥類觀察記錄APP。

7 觀察時，禁止干擾鳥類的生態，不能搬動或破壞鳥巢、鳥蛋、幼鳥等。也不要隨意採集果實或種子（可能是鳥的食物來源），或在棲地隨意餵食或亂丟廚餘。

黑色湯匙登場

「哥哥，在完成第一個任務的時候，我們知道了短腹大龍蝨在濕地扮演的角色。那麼，第二個任務『找出濕地中黑色湯匙的真面目！』，應該也是為了讓我們了解黑色湯匙所扮演的角色吧？」

佳英豎起了食指，一本正經地說。看起來就像是一位名偵探。

「黑色湯匙肯定是鳥類，只要找到那隻鳥，就可以知道牠的真面目，黑色湯匙的真面目也可以瞬間知道。佳英，你要相信哥哥。」

我充滿自信的說完，趕緊轉過身，不想被佳英發現我其實有點不安。雖然我超有自信地叫妹妹要相信我，但我們剩沒多少時間可以去完成任務了。太陽下山之前我們就要回家了，真的很擔心。我們來到濕地之後，聽到許多鳥叫聲，但就是沒看過嘴巴模樣很特別的鳥。在這麼大的地方，要找到嘴巴長得像黑色湯匙的鳥，到底是要從何找起？

「好了，大家過來集合！盲目亂走是不可能找到那隻鳥的。我們必須有計畫的行動。這片濕地內一定有塊鳥兒聚集的地方。我們只要去到那邊，應該就可以找到那隻鳥。」爸爸說。

「我剛剛分析了鳥類影片，發現走到蘆葦叢對面的話，那邊有一個河口，那個地方應該會有許多鳥。」舅舅邊把相機掛在脖子上邊說。

「哪裡？哪裡？」佳英好奇地左看右看。

「佳藍，我們今天必須回家了，所剩時間不多，但是不要因此感到焦躁不安。爸爸有信心一定可以完成第二個任務。不是說『心急吃不了熱稀飯』嗎？所以不要焦急，只要去鳥兒常去的地方，仔細觀察的話，一定可以找到的。」

爸爸的話讓我的內心變得輕鬆多了。

我們沿著長著芒草的路走了許久。濕地怎麼這麼大，好像怎樣走都看不到盡頭。不久後我們聽到水流的聲音。走在前面的舅舅突然停下腳步轉身，然後舉起手指靠在嘴唇上「噓」了一聲——他一定是發現鳥了。因為鳥原本就是很敏感的動物，我們很小的動靜都有可能嚇跑牠們。

「發現了什麼嗎？」

「那隻黑色的鳥是鸕鷀。」

我吃了一驚，眼睛睜得大大的。順著舅舅手指的方向看。那隻鸕鷀正站在石頭上，低頭看著水中，感覺正要捕捉獵物。

「雖然像烏鴉那樣黑漆漆的，但是嘴巴不像湯匙。」我有些沮喪地說。

鸕鶿旁邊還可以看到蒼鷺。我不想只是走馬看花，於是問舅舅：「舅舅，為什麼鳥會聚集在濕地呢？」

「因為濕地有豐富的生物，所以食物很豐盛，水源也充足。濕地為鳥的繁殖和棲息提供了最理想的環境，而且濕地通常也是候鳥飛行時，休息和補充能量的中繼站。」舅舅邊按著快門邊說。

「有鳥出現的濕地，說明這裡生態系統很豐富，同時也很健康，維持著很乾淨的自然環境。」

爸爸一邊用雙筒望遠鏡觀察鳥，一邊補充舅舅說的話。

「哥哥，快用雙筒望遠鏡看那邊！有好多鳥。」

聽到佳英這樣說，我也拿起了雙筒望遠鏡。轉動左右鏡頭對焦後，可以看到有些鳥三三兩兩地站著或坐在河邊，但是數量看起來並不多。

就在這時候，有隻白色的鳥把頭伸入水中，左右搖晃地快速走著。牠一邊前進，一邊在水面上掀起了小小的水波浪。牠的嘴巴半開，頭左右搖晃的樣子很奇特。牠的腿是黑色的，一半泡在水中的嘴巴也是黑色的。

「佳英，看那邊。有看到一隻撥著水前進的鳥嗎？」

「有，啊！牠抓到泥鰍了！牠的嘴巴樣子好特別。哥哥，是不是很像飯勺？」

那隻鳥在水中左右掃動了很長一段時間，看起來終於成功抓到

蒼鷺

噓！
好神奇。
哇～
哦，真令人驚訝！
綠頭鴨
鸕鷀
黑面琵鷺

獵物了。泥鰍在牠那又寬又扁的黑色嘴巴裡用力掙扎著，但是咕嚕一下就被吞進了鳥的喉嚨裡。

「那是飯勺嗎？看起來比較像喝湯用的湯匙吧。不過牠們這樣吃飯也太辛苦了。」

「在爸爸看來，更像是巨大的鞋拔子。」

「佳藍，佳英，我們完成任務了。」

舅舅放下相機，微笑地對著我們說。

「難道？」

「黑色湯匙？」

我也想起了媽媽說過的話。

「為什麼我沒有早點想到黑面琵鷺呢？」

舅舅露出語重心長的笑容。舅舅的語氣雖然比想像中冷靜，但是表情充滿了確信。我心跳加快，也開始蠢蠢欲動。萬一又搞錯了，該怎麼辦？我清楚地聽到自己吞口水的聲音。

「舅舅，你真的確定嗎？你剛剛不也說綠簑鷺的頭，看起來像黑色湯匙倒扣的嗎？」

佳英不敢輕易相信，繼續追問。

「現在你們看到的這隻鳥叫做『黑面琵鷺』。牠的嘴巴末端寬寬扁扁的，就像湯匙。而且牠捕食的方式跟其他水鳥不同，在水中掃來掃去的，非常獨特。」

「哇啊！萬歲！」

我興奮地跳起來，大聲歡呼。整個世界從原本的黑白變成了閃閃發亮的藍色。黑面琵鷺被我的聲音嚇到，嚇得拍拍翅膀飛走了。

「噓！」

舅舅看到鳥兒們飛走，趕緊叫我們安靜。

看到飛遠的黑面琵鷺，

我忍不住揮著手小聲地對牠們說：「謝謝。」

這時候，舅舅用相機拍下了在天空翱翔的黑面琵鷺。快門聲響個不停，他彷彿要把牠的每一個動作全都記錄下來。

「上次我們搭船去西海岸的無人島釣魚時，就看到這些鳥成群結隊的。原來牠們是黑面琵鷺！沒想到牠們也來到濕地了，真的很神奇。」

爸爸也因為任務都完成了，心情看起

來很好。

「黑面琵鷺在韓國是夏候鳥，但到了臺灣，就成了冬候鳥，牠們通常在西海岸的潮間帶繁殖，每年九月會飛往東南亞的濕地過冬，一直到隔年三月。」舅舅對爸爸解釋。

「黑面琵鷺會來這裡，表示濕地的食物很豐盛喔。不過，舅舅，世界上有很多黑面琵鷺嗎？」

我對黑面琵鷺更加好奇了。

「我不知道在全世界還有多少隻，但是黑面琵鷺目前屬於瀕臨絕種的動物，所以被列入臺灣一級瀕臨絕種保育類，受到保護。」

「黑面琵鷺也瀕臨絕種？為什麼？」

人們曾經認為
濕地是沒用的地方，
因此進行了填海造地的工程，
導致濕地比之前少了很多，
加上垃圾汙染了環境。
可能是因為這樣，
使得黑面琵鷺的棲息地
越來越少了吧？

佳英眼睛睜得圓圓地問爸爸。爸爸皺著眉頭回答。

聽完爸爸和舅舅的話，我感到有點難過。不過，一想到得到最新型手機的日子離我越來越近了，臉上的笑容還是藏不住。

東方白鸛

國際自然保護聯盟紅皮書
「瀕危」（EN）等級。
臺灣一級瀕臨絕種保育類。目前世界上僅存三千多隻。腿部為紅色，喙為黑色。全身都是白色羽毛，但是部分羽毛是黑色。屬於冬候鳥。幼鳥時可以鳴叫，但長成成鳥後，由於鳴管肌肉退化，會跟其他鳥一樣無法出聲。

蠣鴴

國際自然保護聯盟紅皮書
「無危」（LC）等級。
身體羽毛黑白相間，和喜鵲長得很像。又被稱為「海喜鵲」。屬於夏候鳥，主要以蚯蚓、昆蟲和小魚為食。

歐亞水獺

國際自然保護聯盟紅皮書
「近危」（NT）等級。
臺灣一級瀕臨絕種保育類。頭部圓圓，鼻子也圓圓的，眼睛很小，尾巴一開始比較圓，越到尾端就越尖細。主要以魚類、鱧魚、青蛙等為主食。當水獺出現在濕地，就代表水質相當乾淨。

鴛鴦

國際自然保護聯盟紅皮書
「無危」（LC）等級。
臺灣二級珍貴稀有保育類。雄鳥性外表鮮豔華麗，雌鳥則幾乎全身都是褐色。雄鳥的喙是橘色，雌鳥的喙為深棕色。主要以草籽、樹果實、淡水魚為食。

棲息在濕地的保育動物

石虎

國際自然保護聯盟紅皮書「無危」（LC）等級。臺灣一級瀕臨絕種保育類。一身黃褐色的皮毛，搭配著黑點紋路。牠會用腳趾無聲地行走，是濕地最頂級的掠食者。

金龜

國際自然保護聯盟紅皮書「瀕危」（EN）等級。臺灣二級珍貴稀有保育類。龜甲是深褐色，而且很堅硬。每一片龜甲邊緣都有黃綠色邊框。性格溫順，腋下會散發臭味。主要以魚類和水生植物為食。

董雞

國際自然保護聯盟紅皮書「無危」（LC）等級。臺灣三級保育類。雄鳥身體呈帶著綠色的黑色；雌鳥身體則全身黃褐色，腿為淡綠色。雄鳥會發出「咕咕、咕咕、咯、咯、咯」的叫聲。通常棲息於濕地，以昆蟲、蝸牛、草籽等為主食。

狄氏人田鱉

國際自然保護聯盟紅皮書「易危」（VU）等級。在臺灣本島野外族群數量非常稀少。跟頭部相比，身體顯得很小，兩隻前腿長得像鐮刀，以及銳利的腳爪。捕食範圍從小型水生動物到魚類、蛙類等，並吸吮其體液。

《科學體驗報告》黑面琵鷺小檔案

年　　月　　日　星期

當我發現嘴巴長得像湯匙的黑面琵鷺的瞬間，心情既興奮又高興，心臟噗通噗通地跳。幸好舅舅有拍下黑面琵鷺的照片和影片，讓我可以仔細地觀察牠。黑面琵鷺用又長又寬、長得像湯匙的黑色嘴巴，在水裡撥來撥去找東西吃時，真的很新奇。牠全身的白色羽毛看起來很漂亮。趁這次機會，我還特地去了解更多黑面琵鷺的知識，做成了一本專屬於我的觀察冊。

我好想去黑面琵鷺的繁殖地，看看牠們喔。

名字：黑面琵鷺（夏候鳥）

保護等級：國際自然保護聯盟紅皮書「瀕危」（EN）等級，臺灣一級瀕臨絕種保育類。

生活環境：食物豐富的泥灘和濕地

外觀：身體大部分被白色羽毛覆蓋，從嘴巴末端到眼睛都是黑色。最高可以到60～78公分。全世界約有七千多隻*。由於牠用又長又寬的嘴巴在水中來回攪動尋找食物的模樣，又被稱為「飯匙鳥」。

食物：泥鰍、水生昆蟲、小魚、蝦和小螃蟹等。

其他資訊：全世界的琵鷺有六種，黑面琵鷺、黃嘴琵鷺、非洲琵鷺、白琵鷺、粉紅琵鷺、皇家琵鷺。其中黑面琵鷺和黃嘴琵鷺是從春天到秋天待在韓國的夏候鳥。來到韓國的黑面琵鷺通常在四到六月間產卵，通常在多岩石的無人島群中繁殖。九到十月時，為了過冬，牠們會飛到比韓國更溫暖的南方，如臺灣、香港、越南等。

* 根據《2025 年黑面琵鷺全球同步普查》報告（https://www.bird.org.tw/basicpage/5407），其中臺灣為黑面琵鷺最重要的度冬棲地。

成爲濕地守護者

我打電話給媽媽，確認第二個任務也確實完成了。心情放鬆之後，我才想起背包內裝滿了零食。我這個超級愛吃鬼，居然如此專心完成任務，連零食的事都忘了。不管怎樣想，我的專注力還真不是蓋的。

為了贏得自己想要的東西的超集中力！我真是太厲害了！

「哥哥，你的背包裡怎麼有這麼多零食？就是因為這樣才沒有帶到我的防蚊劑吧？」

佳英看著我的背包，皺起鼻子。我趕緊用佳英最喜歡的薄荷巧克力堵住她的嘴。

這時候，爸爸四處張望，一邊說：「你們舅舅也差不多該回來了啊……」

「舅舅去哪裡了？」

「他說任務都完成了，他想趁休息的時間去做鳥類的觀察。」

太陽已經慢慢開始西下。就在我們要打電話給舅舅時，佳英突然開口：

「咦？不是舅舅嗎？」

舅舅從茂密的草叢中冒出來，朝我們走來。

就在那一瞬間——事情發生了。

舅舅雙手緊緊地握著相機，雙腿不停地發抖。

我們趕緊跑向舅舅。舅舅滿臉是水珠，分不清楚是冷汗、鼻水還是眼淚。

「舅舅，你怎麼了？」

「那、那邊……」

舅舅依然動彈不得，只有眼球往旁邊轉。我們好像聽到什麼沙沙的聲音。不久之後，舅舅「撲通」一聲癱坐在地，長長地吐了一口氣。

「有一條超級大的蛇從那邊溜過去了……」

「蛇?!天呀，救命啊！」

我嚇得躲到爸爸背後。

「幸好沒出事。這邊寫著『小心有蛇出沒』，我們要更小心一點才行。還沒到營地之前，都不可以掉以輕心。我們趕快走吧。」

爸爸看著告示牌說完之後，就帶頭走在最前面。只要有爸爸在，讓我覺得很安心。雖然沒有親眼看到蛇，但是光想像就讓我頭皮發麻。我們加快了腳步，往露營車內走去。

「咦！那是什麼？」佳英大聲叫道。

「什麼？」

我和舅舅同時躲在爸爸的後面問。

「那邊！好像有隻白色的鳥倒在地上。」

佳英說完，我原本被嚇到的心情稍微舒緩了。幸好不是蛇。

「鳥？」

在蛇逃走的那片草叢裡，有一隻鳥正在地上掙扎著。牠努力想站起來，但怎麼都站不起來，看起來好可憐。

「喔？黑面琵鷺怎麼會來到這裡？牠還能動，應該還活著。可是是腳和身體都被線纏住了，難怪飛不起來！」

舅舅擔憂地看著黑面琵鷺。牠的腳和身體都被白色的線纏繞著，不停掙扎，看起來非常痛苦。

「黑面琵鷺太可憐了。舅舅，你不能用剪刀把白色的線剪斷嗎？該不會是我們剛剛看到的那隻黑面琵鷺吧……？」

只有眼睛眨啊眨，身體完全不能動的黑面琵鷺太可憐了。不久之前，牠用扁扁大大的嘴巴在水裡撥來撥去的模樣，在我腦中揮之不去。我希望能夠做點什麼幫幫牠，讓牠不再那麼痛苦。

「不可以隨便碰野鳥喔。這附近應該有野鳥救傷中心，我們可

以請他們來幫忙。」

舅舅說完，立刻拍下照片，然後聯絡了野鳥救傷中心。

我們決定等待救援人員的到來。

「不過，黑面琵鷺腳上好像綁著什麼耶？」

仔細一看，黑面琵鷺的右腿上好像綁著像是白色寬紙條的東西，上面用紅色和黃色寫著M7。

「那是腳環喔。是為了保護瀕危鳥類而掛上去的裝置。候鳥研究人員會用這個來掌握黑面琵鷺的移動。」舅舅說。

不久之後，有一臺車在我們附近停了下來。救援隊叔叔來了！

他們說纏繞在黑面琵鷺身上的白線是釣魚線，他先用剪刀剪斷，接著他說會把黑面琵鷺治療好之後，再放回野外，因此他把黑面琵鷺放進籠子，搬到車上帶走。

我們在一旁目睹了一切。

「叔叔，那隻鳥為什麼會被釣魚線纏住？」我好奇地問救援隊叔叔。

「有些釣客會在禁止釣魚的區域違法釣魚，又隨便亂丟釣具。鳥類如果被釣魚線纏住或魚鉤勾到的話，是相當危險的，可能會死掉。濕地是牠們的家，我們應該要好好保護，但因為有些人不守規矩，時不時就會發生這種事情。」救援隊叔叔皺著眉說。

「那些人真是太過分了，竟然還有人在這裡違法釣魚……。」

爸爸也生氣了。

「如果濕地變得危險，鳥就不會來了吧？」

「是呀！如果牠們不來，這裡的生物就會越來越少，最後整個生態系統的平衡都會被破壞。為了不發生這個情況，我們每一個人都要努力保護濕地才行。」

救援人員說著，還摸了摸我的頭。

「如果你們沒有發現牠的話，可能就會被蛇或石虎吃掉了。謝謝你們救了黑面琵鷺。愛護動物的你們，真的很棒！」

突然被誇獎的我有點不好意思地抓了抓頭。同時我也真的覺得應該好好保護和愛護濕地——黑面琵鷺的家。為了保護生態系統的多樣性，環境部每年都會招募「濕地守護者」，邀請大家探索濕地和參與保護濕地的活動。今年的報名時間已經過了，我明年一定要報名！

我們回到露營車之後，一起看了舅舅拍的照片和影片。從黑面琵鷺覓食、展翅到飛上天空，真的拍了非常多照片和影片。把照片放大看之後，黑面琵鷺的模樣更加鮮明了。舅舅每次把相機內的照片滑到下一張的時候，我和佳英都驚呼連連。照片中的黑面琵鷺，像是在對我們微笑呢！

坐上露營車回家的路上，不知道為什麼我完全無法抑制內心的激動。

媽媽一定已經準備好辣炒年糕派對在等我們了！辣炒年糕是我們全家最喜歡的食物。只要是特別的日子，我們就會圍在餐桌旁，吃著媽媽特製的辣炒年糕湯，年糕在鍋子裡咕嚕咕嚕不停翻滾，全家人開心的一起邊吃邊聊天。一想到可以吃到甜甜辣辣，又富有嚼勁的辣炒年糕，我口水都快流出來了。

「我要跟媽媽說，這次任務都是我完成的，還要給她看我寫的《科學體驗報告》！」

從車窗望出去，月色明亮。我好像看到月空中彷彿出現了拿著最新型手機，滿臉笑容的我。

這真是我這輩子最難忘的一趟濕地大冒險！

【熱門 YouTube 露營科學】黑面琵鷺的主要棲息地

❶
親愛的訂閱者們，大家好，有個好消息要告訴大家。我們終於看到黑面琵鷺啦！牠用扁平的黑色長嘴在水裡撥來撥去的模樣，真的很有趣。
❷
現在就讓我來為大家介紹黑面琵鷺在韓國的主要繁殖地。首先是位於仁川廣域市南洞蓄水池的黑面琵鷺島，這裡是所有黑面琵鷺棲息地中，最容易進行觀察的地方。
❸
接著是在仁川的求地島。位於延坪島附近，是韓國最大的黑面琵鷺繁殖地。
❹
水下岩是位於仁川廣域市永宗島附近的小岩石島。由於島嶼面積非常小，最多只能容納約五十對黑面琵鷺。因鄰近潮間帶遭填海造陸破壞，加上老鼠與雕鴞侵擾，使得黑面琵鷺棲地日益惡化。

❺ 七山島是全羅南道靈光郡的無人島，被列為天然紀念物第 389 號並受保護。因魚類資源豐富，不僅黑面琵鷺，亦為多種鳥類的重要繁殖地。
❻ 各寺岩是位於江華島南端的小岩石島，這裡有兩塊平坦和突起的岩石。黑面琵鷺就在這兩塊岩石上繁殖。
❼ 梅島是位於仁川廣域市西區的無人島。二〇一八年被貉入侵之後，黑面琵鷺曾遭受到巨大威脅。
❽ 在韓國，黑面琵鷺的繁殖期是四月到六月，從三月中開始就可以在棲地上進行觀察。各位快和我一起去觀察黑面琵鷺吧！

《科學體驗報告》韓國的濕地地圖

年　　月　　日 星期

什麼是「拉姆薩公約」（Ramsar Convention）？

拉姆薩公約的正式名稱是「關於特別是作為水禽棲息地的國際重要濕地公約」。公約中，認定跨越多國遷徙的水鳥是全人類共同擁有的重要資源，需要各國共同守護。

因此在一九七一年二月在伊朗的拉姆薩，為了保護與永續利用濕地資源而簽署的國際公約。加入拉姆薩公約的國家，都有義務要保護濕地。

韓國是在一九九〇年代中後半，才開始意識到濕地的重要性。於是，在一九九七年七月成為第一百零一號締約成員。截至二〇二三年為止，大岩山龍沼、牛浦沼、新安長島山地濕地等二十六處濕地都被指定為拉姆薩濕地喔。

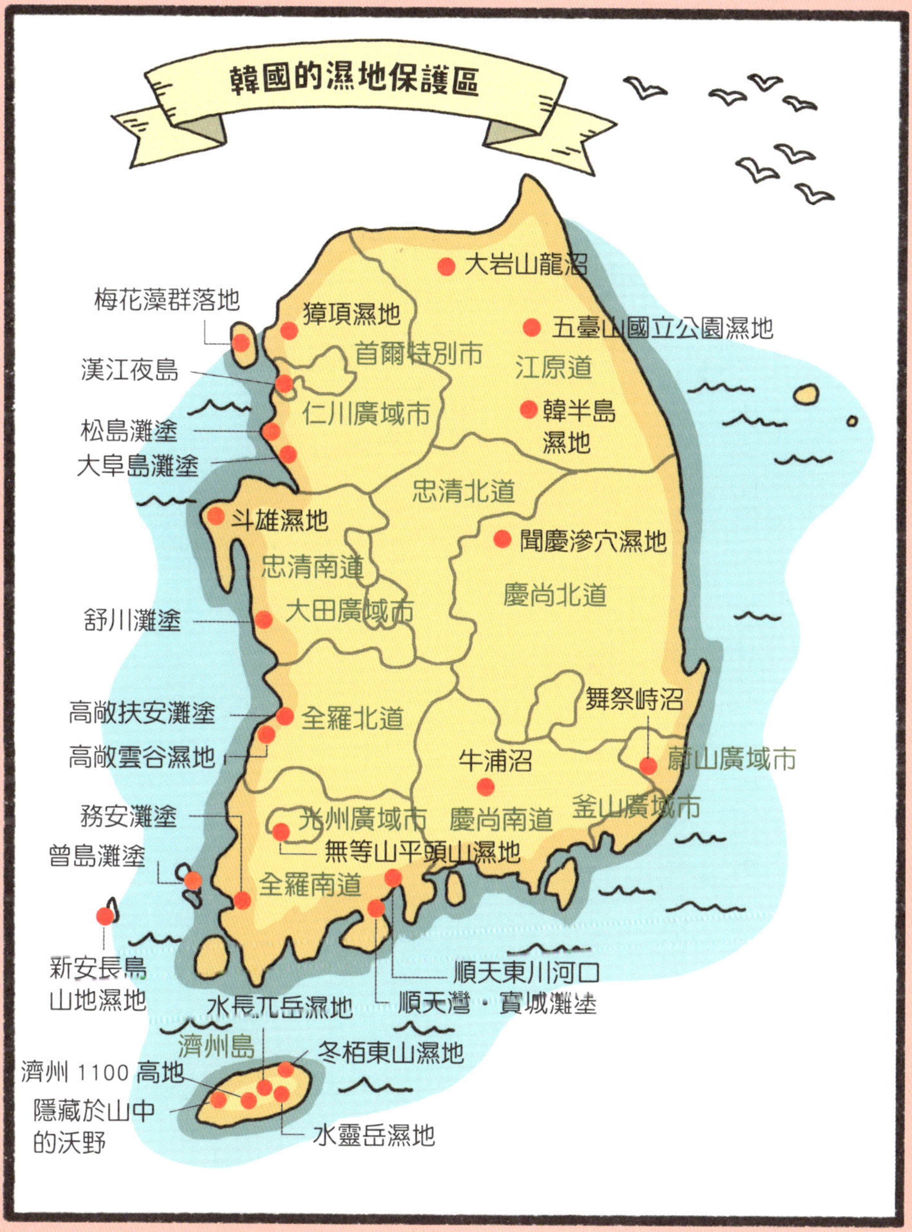
韓國的濕地保護區
大岩山龍沼
梅花藻群落地
獐項濕地
五臺山國立公園濕地
首爾特別市
江原道
漢江夜島
韓半島
濕地
仁川廣域市
松島灘塗
大阜島灘塗
忠清北道
斗雄濕地
聞慶滲穴濕地
忠清南道
慶尚北道
舒川灘塗
大田廣域市
舞祭峙沼
高敞扶安灘塗
全羅北道
高敞雲谷濕地
牛浦沼
蔚山廣域市
務安灘塗
光州廣域市
慶尚南道
釜山廣域市
曾島灘塗
無等山平頭山濕地
全羅南道
新安長島
山地濕地
順天東川河口
水長兀岳濕地
順天灣・寶城灘塗
濟州島
冬栢東山濕地
濟州 1100 高地
隱藏於山中
的沃野
水靈岳濕地

結語

濕地大冒險，成功！

高溫警報出來了。如同蒸籠般的炎熱天氣，連氣象署都發布了高溫警示，讓我一整天都抱著電風扇。蟬在窗外叫得驚天動地，我的耳朵都快聾掉了。就在今天，環境部舉辦的「生態觀察探索比賽」的結果終於公布了。我從早上開始就不停地盯著媽媽的手機確認，結果卻令人遺憾。

第一名獎品是最新型手機，但我眨了好幾次眼睛後再三確認，「特優獎」不是我的名字。

我的名字出現在第二行的「優等獎」。

「優等獎，韓佳藍！哇！媽媽都不知道我們佳藍這麼了不起。真的很恭喜你！兒子。」

媽媽開心地用力抱緊我。

「哎呦，那麼難寫的觀察探索報告，你可是每天都寫到很晚才好不容易完成的。果然，應該是遺傳到某人才會那麼聰明的吧。」

眼睛睜得圓圓的爸爸，臉上也堆滿了微笑。

「不只是濕地，還自己查資料，認真研究黑面琵鷺，佳藍真的很厲害喔！」

舅舅笑著說，並對我豎起了大拇指。

「哇~哥哥也太厲害了吧！」

就連佳英也一臉驚訝。

我還沒來得及失望，我的家人們完全不給我傷心和失落的時間，一副拿到優等獎就是相當了不起且值得慶祝的天大好事。也是啦，我是第一次參加全國比賽還得了獎，確實是值得驕傲的事。

「佳藍，最新型手機，舅舅買給你！」

舅舅突然宣布這個天大的好消息！

事實上，舅舅原本期待這次拍到黑面琵鷺的影片，可以增加訂閱人數，結果反應不如預期。不過影片下方有很多稱讚的留言，有人留言說學到雙筒望遠鏡的使用方法很實用，還有人說難得能看到這麼清楚的黑面琵鷺影片。

舅舅說原本因為訂閱人數一直上不去，所以有點氣餒，但這些留言讓他重新振作起來，一切都是多虧了我。

我一想到可以拿到最新型手機，心情就變好了。從濕地露營回來之後，我就一直過著沒有手機的生活。原本那支舊手機螢幕壞掉了，維修費還超貴。媽媽原本說會買一支雖然不是最新型但是全新的手機給我，還好我一直忍住沒吵著要買——現在看來，忍耐真是太值得了！

「佳藍，媽媽剛收到訊息，這次比賽得獎的學生好像會被任命為『濕地守護者』耶！」

媽媽一邊看著環境部寄來的簡訊，一邊說道。

「真的嗎？」

難道這就是傳說中的「願望說出來就會實現」嗎？還記得那天看到被釣魚線纏住而痛苦掙扎的黑面琵鷺，我就曾在心裡許願想成為濕地守護者。現在，這個願望竟然真的要實現了！

成為濕地守護者後，就有機會去探訪更多國內的濕地，也可以參與更多保護活動。我一定會成為探訪各種濕地，並為了守護濕地而努力的韓佳藍！

附錄

韓國 拉姆薩濕地

獐項濕地

京畿高陽市一山東區獐項洞516

韓國四大江中唯一一個河口沒有被堤壩堵住，江水會一路流到大海。位於自由路附近，所以從首都首爾出發也可以輕易抵達這裡。很許久之前就被指定成軍事保護區域，所以一般人無法進入，其生態環境也因此被很好地保存下來。這裡最有名就是有韓國最大的柳樹生態群落，所以也是有名的冬候鳥度冬區。在這裡還可以看到被指定成天然紀念物的白枕鶴和凍原豆雁。

大岩山龍沼

江原道特別自治區麟蹄郡瑞和面瑞興里山170

韓國唯一一個高層濕原。所謂的高層濕原是指植樹群落豐富，且位於山上的濕地。這裡是在一九九七年被納入韓國拉姆薩濕地。龍沼本身位於山頂附近，所以景觀極佳。可以看到最多樣生物的最佳月份是八月。特別是因特殊地形和氣候而長出來的圓葉茅膏菜或長白山龍膽等珍貴植物。

牛浦沼

慶尚昌寧郡遊漁面大垈里

◆

韓國最大的天然內陸濕地。沼澤底下有著從數千年前累積至今的泥炭層。二〇一八年十月被認證為世界第一個「拉姆薩濕地城市」。牛浦沼這一帶分布八百多種植物，擁有多樣性生態系統。在牛浦沼生態館內通過各種展覽和體驗課程可以簡單輕鬆地了解牛浦沼。

韓半島濕地

江原道寧越郡韓半島面翁亭里

◆

平昌江和酒泉江的匯合之處自然形成的內陸濕地。因為地形長得很像韓半島，所以也被稱為「韓半島濕地」。二〇一五年被納入國際拉姆薩濕地。在這裡可以觀察到以滅種危機野生物種二級的赤腹鷹和被指定為天然紀念物的朝鮮鮹為主的各種生物。沿著生態探訪路線走，可以爬到韓半島濕地的展望臺欣賞濕地全貌。

舞祭峙沼

蔚山廣域市蔚山郡三同面早日里

◆

二〇〇七年被納入拉姆薩濕地，是韓國最古老的山地濕地。推測是六千年前形成的濕地。由四個山地沼澤組成，不論是規模、保存狀況或風景來看，其保存價值都很高。最被人所知的是滅種危機野生物種2級的八丁蜻蜓。這裡必須先獲得工作人員許可，才可以進入。

斗雄濕地

忠清泰安郡薪斗海邊街291-30

◆

二〇〇七年被納入拉姆薩濕地。沙丘是海邊的沙子被風吹來而形成。沙丘後方比較低的地方蓄水之後就形成了濕地。斗雄濕地這一帶之前也被稱為「薪串里」或「斗應里」。傳說中這裡曾經出現過兩隻龍。滅種危機物種的北方狹口蛙、朝鮮側褶蛙和天然紀念物紅隼都住在這裡。

濟州水靈岳濕地

濟州西歸浦市南原邑水望里

這裡是有水永遠不會乾涸的火山口湖（火山噴發後，在火山口積水而形成的湖水）的山。除了有蒲、紅花金絲桃等濕地植物之外，還有被環境部指定為滅種危機生物的狄氏大田鱉、北方狹口蛙等為主的十八種水棲昆蟲都生活在此處。

濟州冬栢東山濕地

濟州市朝天邑善屹里

2011年被納入拉姆薩濕地，以及被聯合國教科文組織指定為「世界地質公園」的著名景點。一萬年前形成的熔岩地帶上形成了戈拉瓦森林。之後下雨，就形成了濕地。這裡是韓國最大常綠闊葉樹林地帶，同時也保留著南方系和北方系植物共生的獨特生態系統。從一月開始到六月都可以看到冬栢樹開花。

五臺山國立公園濕地

江原江陵市連谷面三山里

這裡是指小黃柄山沼、吉默沼、貝殼洞沼以上三個濕地。二〇〇八年被納入拉姆薩濕地。位於高山，一整年都有水流入，所以可以維持某程度的含水量。滅種危機野生動物2級的石虎和東方鵟等各種動物都在這裡生活。每年四月拉姆薩探查隊都會招募專家們來這裡調查濕地內的動植物。

雲谷濕地

全北高敞郡伊山面雲谷里

是在低海拔的丘陵地帶形成的濕地，二〇一一年被納入拉姆薩濕地。雲谷濕地所在地區的高敞支石墓於二〇〇〇年被列入世界文化遺產，之後人們比較難進入。之後三十年間，這裡就形成了類似原始密林模樣的濕地。在這裡可以觀察到滅種危機野生物種1級的東方白鸛，滅種危機野生物種2級的燕隼和八色鳥。多達八百六十種動植物生活在這裡。

曾島灘塗

全羅南道新安郡曾島面

◆

出現過百種大型底棲生物（生活在海，沼澤，河川，湖水等水底的生物）後，其保存價值受認證，在二〇一一年被納入拉姆薩濕地。除了生物種類豐富，沙灘，海岸峭壁，鹽田等海洋景觀美麗獨特。春天和秋天是鷸和石鴴飛行途中重要的停留地。也是世界唯一個目前持續形成中的「現在形成型」的灘塗。

順天灣寶城灘塗

全羅南道順天市別良面馬山里

◆

為世界五大沿海濕地之一的順天灣，寶城灘塗從錦江開始流下來的灘塗沉積物最終移動到這裡所形成。2006年被納入拉姆薩濕地，2018年被選為「拉姆薩濕地城市」。除了是國際自然保護聯盟紅皮書「易危」（VU）的白頭鶴最大的過冬區，還有25種國際珍貴鳥類會來到這裡，設有觀察鳥類的專區與天文臺。

大阜島灘塗

京畿道安山市大阜島

◆

二〇一八年被納入拉姆薩濕地。鹽生植物群落和滅種危機野生動物2級海洋生物等各種動植物在這邊棲息。這裡是被指定為天然紀念物和滅種危機的五種水鳥的海洋鳥類重要的移動路線。因為這裡有撿貝殼和灘塗滑雪橇等各種體驗活動，所以可以盡情地體驗灘塗。

務安灘塗

全羅南道務安郡玄慶面和海際面

◆

這裡是土壤被侵蝕，加上沙丘的影響而形成的。二〇〇八年被納入拉姆薩濕地。灘塗中間位置上有數米高海岸峭壁高高聳立著，還有可以看到淺水和複雜的海岸線等各式各樣的地形。在這裡可以觀察看到受保護的鵎鷸和劍鴴，還有其他各種底棲生物。旁邊照片是務安灘塗的中杓鷸、斑尾鷸和反嘴鷸。

附錄2

臺灣
拉姆薩濕地

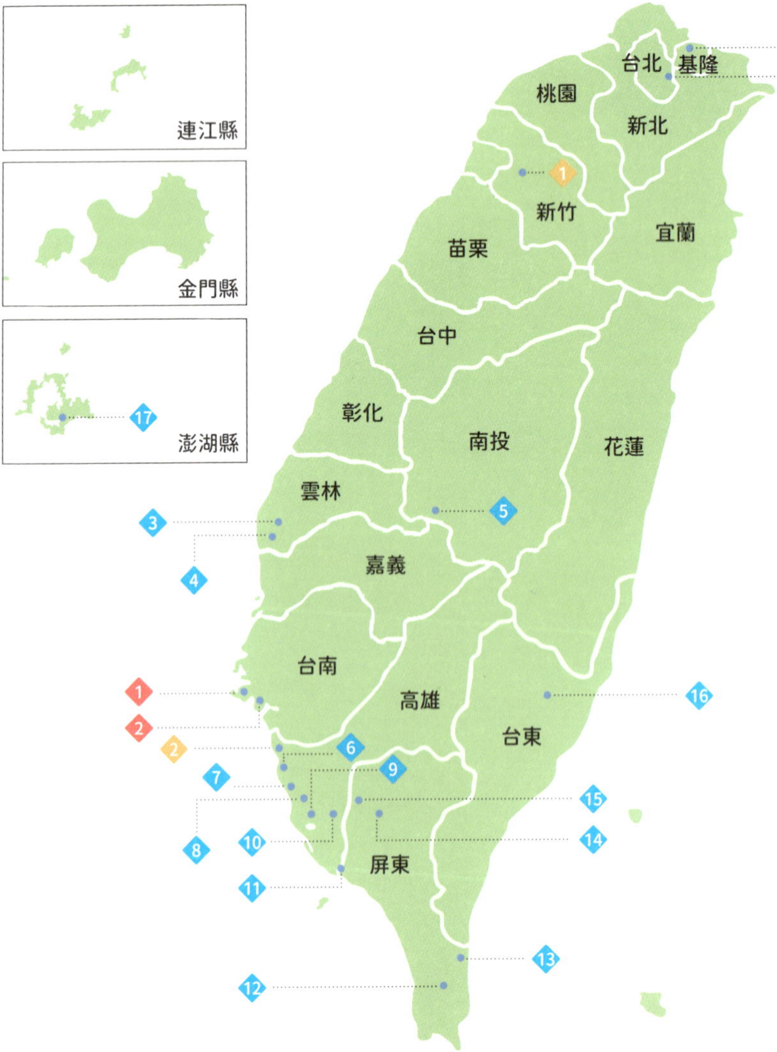
連江縣
金門縣
澎湖縣
17
台北
基隆
1
2
桃園
新北
1
新竹
宜蘭
苗栗
台中
彰化
南投
花蓮
雲林
5
3
4
嘉義
台南
1
2
2
6
高雄
16
台東
9
7
15
8
10
14
屏東
11
13
12

臺灣濕地目前共61處，包含國際級2處、國家級40處、地方級17處及暫定2處，其中又分為自然濕地和人造濕地。

濕地也是候鳥的重要棲息地和中途停留點，包含瀕危保育動物「黑面琵鷺」等。臺灣是黑面琵鷺最主要的度冬區，其中又以「臺南、嘉義、高雄」是牠們在臺灣最主要的棲息地。

曾有黑面琵鷺出沒紀錄

國際級

1. 七股曾文溪口重要濕地：屬台江國家公園，設有七股黑面琵鷺保護區，為黑面琵鷺在臺灣最重要的棲息地。
2. 四草重要濕地：屬台江國家公園，擁有「迷你版亞馬遜森林」之稱的四草紅樹林綠色隧道。

地方級

1. 內寮重要濕地
2. 南港202兵工廠及周邊重要濕地
3. 成龍重要濕地
4. 椬梧重要濕地
5. 草坔重要濕地：別名「忘憂森林」。
6. 永安重要濕地
7. 援中港重要濕地：高雄最大的水雉棲地。
8. 半屏湖重要濕地
9. 鳥松重要濕地
10. 大樹人工重要濕地
11. 林園人工重要濕地：全臺唯一的水母瀉湖，為本島唯一「仙后水母」（又稱倒立水母）棲地。
12. 四林格山重要濕地
13. 東源重要濕地
14. 麟洛人工重要濕地
15. 萬年濕地群重要濕地
16. 關山人工重要濕地
17. 菜園重要濕地

暫定

1. 頭前溪生態公園
2. 茄萣重要濕地

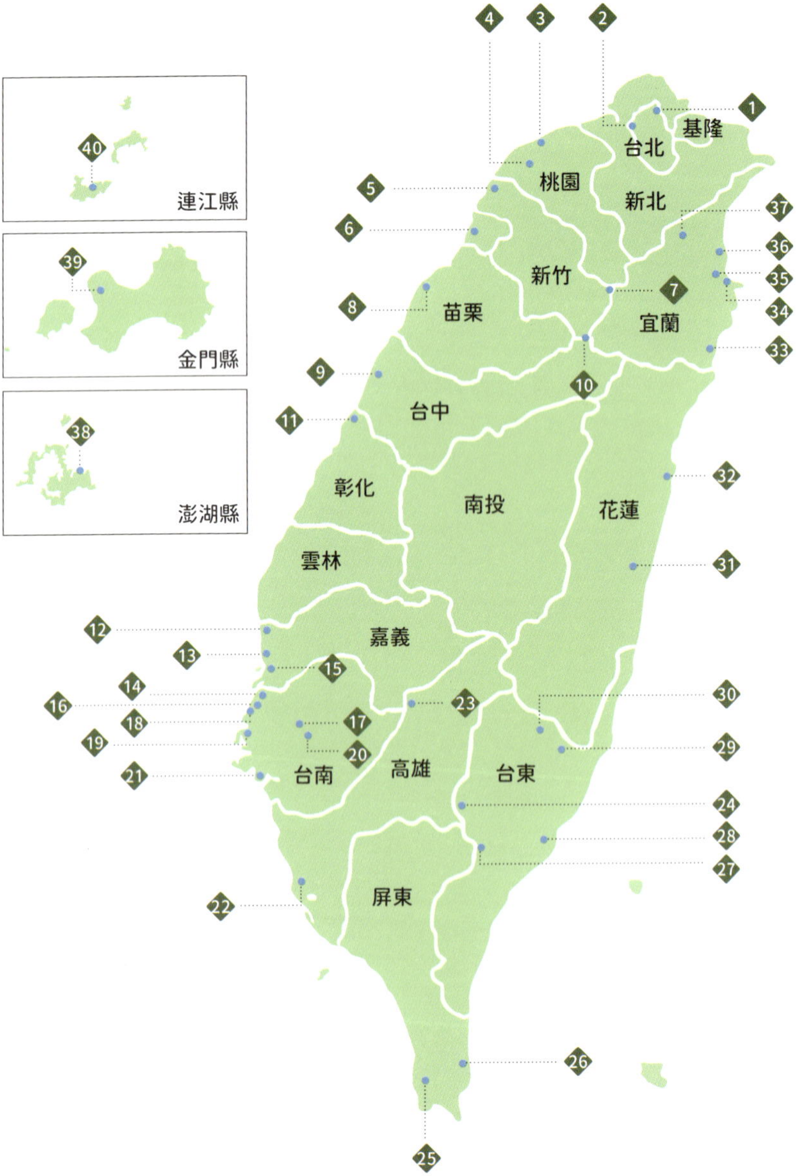
連江縣
40
金門縣
39
澎湖縣
38
基隆
台北
新北
桃園
新竹
宜蘭
苗栗
台中
彰化
南投
花蓮
雲林
嘉義
台南
高雄
台東
屏東
1
2
3
4
5
6
7
8
9
10
11
12
13
14
15
16
17
18
19
20
21
22
23
24
25
26
27
28
29
30
31
32
33
34
35
36
37

國家級

1. **夢幻湖重要濕地**：屬陽明山國家公園，臺灣特有種「臺灣水韭」唯一自然棲地。
2. **淡水河流域重要濕地**：包含11處子濕地，如關渡濕地、大漢新店濕地等。
3. **許厝港重要濕地**：擁有「臺灣的撒哈拉」之稱的「草漯沙丘」。
4. **桃園埤圳重要濕地**
5. **新豐重要濕地**
6. **香山重要濕地**
7. **鴛鴦湖重要濕地**
8. **西湖重要濕地**
9. **高美重要濕地**：既是A1級重要野鳥棲地（IBA），也是臺灣特有種「雲林莞草」、「大安水蓑衣」之棲地。
10. **七家灣溪重要濕地**：屬雪霸國家公園，臺灣特有種「櫻花鉤吻鮭」重要棲地。
11. **大肚溪口重要濕地**
12. **鰲鼓重要濕地**
13. **朴子溪河口重要濕地**：全臺最大濕地。
14. **好美寮重要濕地**
15. **布袋鹽田重要濕地**
16. **八掌溪口重要濕地**
17. **嘉南埤圳重要濕地**
18. **北門重要濕地**
19. **七股鹽田重要濕地**
20. **官田重要濕地**
21. **鹽水溪口重要濕地**：屬台江國家公園。
22. **洲仔重要濕地**：臺灣特有亞種第三級保育類的「黃裳鳳蝶」棲地。
23. **楠梓仙溪重要濕地**
24. **大鬼湖重要濕地**：與小鬼湖同為魯凱族「巴冷公主」傳說的起源地。
25. **龍鑾潭重要濕地**：屬墾丁國家公園。
26. **南仁湖重要濕地**
27. **小鬼湖重要濕地**
28. **卑南溪口重要濕地**
29. **大坡池重要濕地**
30. **新武呂溪重要濕地**
31. **馬太鞍重要濕地**
32. **花蓮溪口重要濕地**
33. **南澳重要濕地**
34. **無尾港重要濕地**
35. **五十二甲重要濕地**
36. **蘭陽溪口重要濕地**
37. **雙連埤重要濕地**：是臺灣少有的低海拔濕地，並擁有由沉水植物累積而成的獨特景觀「天然浮島」。
38. **青螺重要濕地**：世界瀕危物種「三棘鱟」最重要的棲地。
39. **慈湖重要濕地**
40. **清水重要濕地**

作者簡介

崔富順

在研究所主修韓國文學，現為閱讀與寫作指導師，並致力於創作能為兒童與青少年帶來力量的文字。目前於 JY 故事學院從事兒童與青少年書籍的創作。2024年以童話作品〈芒果〉（刊載於《走進我的森林》）獲選為 ARKO 文學創作基金的補助作品，並獲得發表補助。已出版的作品包括《動物發出的警訊：氣候危機》（以上皆為直譯）、《出發吧！科學露營車2：濕地植物與鳥類》等書。

繪者簡介

趙勝衍

畢業於弘益大學美術專業，並在法國南錫Beaux Arts進修插畫。目前活躍於兒童繪本插畫領域。曾繪製的作品包含《叛逆家庭》、《博物館尋找犯人的推理書》、《未來來了——腦科學》、《放學後超能力俱樂部》和《狗狗魔法師庫奇與星期天的炸豬排》。此外，他還參與了《數學偵探》（以上皆為直譯）、《科學小偵探》和《小醫師復仇者聯盟》等系列的繪畫工作。

譯者簡介

劉小妮

喜歡閱讀，更喜歡分享文字。目前積極從事翻譯工作。譯作有：《願望年糕屋1~3》、《強化孩子正向韌性心理的自我對話練習》、《這世界很亂，你得和女兒談談性：不尷尬、不怕問，性教育專家改變女兒人生的50個對話》等。

照片提供

73頁	朝鮮側褶蛙：Shutterstock
77頁	朝鮮側褶蛙：朴宣瑛
133頁	黑面琵鷺：Shutterstock
152頁	南洞蓄水池：沈恩珠，曹敬五（Waterbird Network） 求地島，水下岩：曹敬五（Waterbird Network）
153頁	七山島：靈光郡．角秀岩：ECO Korean 梅島：曹敬五（Waterbird Network）
163頁	獐項濕地：朴平水（社會性協同組合漢江） 大岩山龍沼：現在這裡（部落格）
164頁	牛浦沼：ECO Korean．韓半島濕地：李尚美
165頁	舞祭峙沼：梁海根（環境災害研究所） 斗雄濕地：棉小語（部落格）
166頁	濟州水靈岳濕地：綠色郵件 濟州冬栢東山濕地：綠色郵件
167頁	五臺山國立公園濕地：五臺山國立公園 雲谷濕地：李善珠
168頁	曾島灘塗：新安文化遺產科 順天灣，寶城灘塗：ECO Korean
169頁	大阜島灘塗：朴平水（社會性協同組合漢江） 務安灘塗：務安郡

觀察日期：

觀察地點：

觀察對象：

觀察日期：

觀察地點：

觀察對象：

觀察日期：

觀察地點：

觀察對象：

觀察日期：

觀察地點：

觀察對象：

知識館040

【出發吧！科學露營車 2】

濕地植物與鳥類

캠핑카사이언스：습지탐험편

作者　崔富順（최부순）
繪者　趙勝衍（조승연）
譯者　劉小妮
專業審訂　施政宏（國立彰化師範大學工業教育與技術學系博士）
語文審定　陳資翰（臺北市立大學歷史與地理學系）
封面設計　張天薪
內文排版　李京蓉
責任編輯　洪尚鈴
童書行銷　鄒立婕・張文珍・張敏莉
出版一部總編輯　紀欣怡

出版發行　采實文化事業股份有限公司
執行副總　張純鐘
業務發行　張世明・林踏欣・林坤蓉・王貞玉
國際版權　劉靜茹
印務採購　曾玉霞
會計行政　許俽瑀・李韶婉・張婕莛
法律顧問　第一國際法律事務所　余淑杏律師
電子信箱　acme@acmebook.com.tw
采實官網　www.acmebook.com.tw
采實臉書　www.facebook.com/acmebook01
采實童書粉絲團　https://www.facebook.com/acmestory/

ISBN　978-626-431-062-8
定價　399元
初版一刷　2025年8月
劃撥帳號　50148859
劃撥戶名　采實文化事業股份有限公司
104 臺北市中山區南京東路二段 95號 9樓
電話：02-2511-9798　傳真：02-2571-3298

國家圖書館出版品預行編目(CIP)資料

出發吧!科學露營車. 2, 濕地植物與鳥類/崔富順作；劉小妮譯. -- 初版. -- 臺北市：采實文化事業股份有限公司, 2025.08
184面；14.8×21公分. -- (知識館；40)
譯自：캠핑카사이언스：습지탐험편
ISBN 978-626-431-062-8(精裝)

1.CST: 科學 2.CST: 通俗作品

307.9　　114008015

線上讀者回函

立即掃描 QR Code 或輸入下方網址，連結采實文化線上讀者回函，未來會不定期寄送書訊、活動消息，並有機會免費參加抽獎活動。

https://bit.ly/37oKZEa

采實出版集團
ACME PUBLISHING GROUP